"十三五"国家重点出版物出版规划项目
高速铁路绿色发展丛书

高速铁路对环境的污染及防治

贺玉龙　梅昌艮 ◎ 编著

西南交通大学出版社
·成　都·

图书在版编目（CIP）数据

高速铁路对环境的污染及防治 / 贺玉龙，梅昌艮编著. -- 成都：西南交通大学出版社，2022.12
（高速铁路绿色发展丛书）
"十三五"国家重点出版物出版规划项目
ISBN 978-7-5643-9121-8

Ⅰ. ①高… Ⅱ. ①贺… ②梅… Ⅲ. ①高速铁路 – 铁路沿线 – 污染防治 – 研究 Ⅳ. ①X731

中国版本图书馆 CIP 数据核字（2022）第 254528 号

"十三五"国家重点出版物出版规划项目
高速铁路绿色发展丛书
Gaosu Tielu dui Huanjing de Wuran ji Fangzhi

高速铁路对环境的污染及防治

贺玉龙　梅昌艮　编著

出 版 人	王建琼
责 任 编 辑	蔡 蕾
责 任 校 对	谢玮倩
封 面 设 计	曹天擎
出 版 发 行	西南交通大学出版社 （四川省成都市金牛区二环路北一段 111 号 　西南交通大学创新大厦 21 楼）
营销部电话	028-87600564　028-87600533
邮 政 编 码	610031
网　　　址	http://www.xnjdcbs.com
印　　　刷	四川玖艺呈现印刷有限公司
成 品 尺 寸	170 mm × 230 mm
印　　　张	16.25
字　　　数	226 千
版　　　次	2022 年 12 月第 1 版
印　　　次	2022 年 12 月第 1 次
书　　　号	ISBN 978-7-5643-9121-8
定　　　价	88.00 元

图书如有印装质量问题　本社负责退换
版权所有　盗版必究　举报电话：028-87600562

前言 PREFACE

截至 2022 年年底，我国高速铁路运营里程达到 4.2 万千米，居世界第一位。我国已成为世界上高铁运营里程最长、在建规模最大、高速列车运行数量最多、商业运营速度最快、高铁技术体系最全、运营场景和管理经验最丰富的国家。然而，高速铁路的大规模建设和运营，在推动沿线区域经济发展和给人们出行带来便捷的同时，其产生的噪声、环境振动等也给沿线地区的环境造成了较大压力，甚至影响到了沿线人们的正常工作、生活环境，精密仪器的生产和使用，以及古旧建筑的安全。为促进高速铁路的绿色发展，有必要对高速铁路带来的环境污染进行控制，最大限度地减轻其对环境的负面影响，为助力生态文明建设和高速铁路的高质量发展提供更加坚强有力的保障。

本书在撰写过程中，引用了有关 ISO 标准、国家标准、行业标准、地方标准、团体标准中的部分内容，参考了中国铁道科学研究院集团有限公司（中国铁道科学研究院）、中铁第一勘察设计院集团有限公司（中铁一院）、中铁二院工程集团有限责任公司（中铁二院）、中国铁路设计集团有限公司（中国铁路设计集团）、中铁第四勘察设计院集团有限公司（中铁四院）、中铁第五勘察设计院集团有限公司（中铁五院）、中铁工程设计咨询集团有限公司（中铁设计）等多家单位编制的高速铁路工程环境影响报告书和工程竣工环境保护验收调查报告（均来自于网站公示），引用了报告中的部分内容。除此之外，本书还引用了诸多研究者的期刊论文，《人民铁道报》以及中国铁路、铁道视界、轨道世界等微信公众号中的部分内容及有关图片。在此向原作者表示诚挚的感谢。

衷心感谢西南交通大学原副校长杨立中教授引导编著者进入高速铁路环境保护领域。在近 20 年的高速铁路环境保护研究过程中，中国铁道科学研究院杨宜谦研究员、辜小安研究员、李耀增研究员，中国铁路设计集团刘冀钊研究员、朱正清研究员，中铁四院王忠合教授级高工，中铁二院廖建州教授级高工、高山教授级高工、陈锋教授级高工、徐志胜高工、徐鸿高工、吴军高工、郑光玉高工、黎灏高工等铁路环保专家给予了编著者诸多帮助，在此表示感谢。

2015 级硕士研究生彭也也、蔡思奇、韩艺翚参加了高速铁路环境振动现场测试；2016 级硕士研究生陈瑞、张群，2017 级硕士研究生杨梦琦、宋喆、简美玲，2018 级硕士研究生张书豪、黄宏宇、杜全军参加了高速铁路环境噪声现场测试。这些工作为本书的写作提供了宝贵的素材。2019 级硕士研究生程宇杰、谢玉梅、孟丹，2020 级硕士研究生周文祥、何竞一、周知然参加了部分文字录入、绘图工作，在此一并致谢。

西南交通大学出版社为本书的出版付出了辛勤的劳动，在此表示衷心的感谢。

本书由西南交通大学贺玉龙和四川轻化工大学梅昌艮编著。随着高速铁路工程技术和环境科学与工程学科的发展，高速铁路工程环境污染控制技术也处于发展过程中，不断有新理论、新技术、新方法涌现，有关的高速铁路标准和生态环境标准也不断更新。同时，限于作者的水平，本书的遗漏、不妥之处在所难免，敬请读者批评指正。意见及建议可发至 yulonghe@163.com 电子邮箱。

编著者

2022 年 10 月于成都

目录 CONTENTS

第一章 高速铁路概况

第一节 高速铁路轨道 …………………………………… 002

第二节 高速铁路动车组 …………………………………… 009

第三节 我国高速铁路发展现状 …………………………… 012

第二章 高速铁路工程施工期环境污染及其控制

第一节 高速铁路主要工程施工内容及施工机械 ………… 018

第二节 高速铁路工程施工期噪声振动污染及其控制 …… 022

第三节 高速铁路工程施工期水污染及其控制 …………… 029

第四节 高速铁路工程施工期大气污染及其控制 ………… 055

第五节 高速铁路工程施工期固体废弃物及其控制 ……… 068

第六节 高速铁路工程施工期光污染及其控制 …………… 069

第三章 高速铁路运营期噪声

第一节 我国高速铁路噪声预测方法 ……………………… 074

第二节 日本高速铁路噪声预测方法 ……………………… 089

第三节 德国 Schall 03 铁路噪声预测方法 ………………… 096

第四节 我国高速铁路运行噪声源强 ……………………… 099

第五节 京津城际铁路运营期噪声环境影响 ……………… 102

第四章 高速铁路运营期环境振动

第一节 高速铁路环境振动的产生与传播 ………………… 106

第二节 高速铁路环境振动的影响 ………………………… 109

第三节　高速铁路环境振动预测方法 ·· 111

第四节　高速铁路环境振动测试实例 ·· 121

第五章　高速铁路运营期其他环境影响

第一节　高速铁路运营期水污染 ·· 130

第二节　高速铁路运营期大气污染 ··· 135

第三节　高速铁路运营期固体废物 ··· 143

第四节　高速铁路运营期电磁环境影响 ··· 144

第六章　高速铁路运营期减振降噪措施

第一节　高速铁路环境噪声限值及其测量方法 ································ 154

第二节　高速铁路沿线环境振动限值及其测量方法 ·························· 159

第三节　高速铁路噪声防治措施 ·· 168

第四节　高速铁路环境振动防治措施 ·· 197

第五节　高速铁路声屏障声学设计 ··· 206

第七章　高速铁路运营期污水处理及其他环境污染防治

第一节　高速铁路运营期污水处理 ··· 222

第二节　高速铁路运营期其他环境污染控制 ···································· 234

参考文献 ·· 243

第一章　高速铁路概况

根据国际铁路联盟（International Union of Railways，UIC）的定义[1]，高速铁路包含三个方面的内容：新建的设计速度 250 km/h 及以上的专用线路，或者既有线改造提速至 200~220 km/h 的线路；动车组列车；专用的通信、列车控制系统。中国《高速铁路设计规范》（TB 10621—2014）对高速铁路的定义[2]为：新建设计速度为 250~350 km/h、运行动车组列车的标准轨距客运专线铁路。

1964 年 10 月 1 日，世界上第一条高速铁路日本东海道新干线（东京至大阪）开通运营，全程 515.4 km，列车运营速度为 210 km/h。1981 年 9 月 27 日，欧洲第一条高速铁路，由法国首都巴黎至里昂的 TGV 东南线通车，全程 417 km，列车运行最高速度为 270 km/h，目前速度可达 320 km/h。1991 年 6 月，德国汉诺威—维尔茨堡的第一列速度为 250 km/h 的高速城际特快列车 ICE（Inter City Express）试运营，拉开了德国高速铁路建设与发展的历史序幕。据国际铁路联盟（UIC）统计[3]，截至 2022 年 9 月 1 日，已经有中国、西班牙、日本、法国、德国、芬兰、意大利、韩国、美国、土耳其、沙特阿拉伯、澳大利亚、波兰、比利时、摩洛哥、瑞典、英国、荷兰、丹麦、瑞士等 20 个国家建成运营高速铁路 58 839 km，17 个国家在建高速铁路 19 710 km，26 个国家规划建设高速铁路 19 643 km，17 个国家长期规划建设高速铁路 43 935 km。截至 2022 年年底，中国建成运营高速铁路超过 42 000 km。

从最高运营速度看[3]，中国高速铁路最高运营速度为 350 km/h，日本、法国、摩洛哥为 320 km/h，韩国为 305 km/h，西班牙、德国、意大利、比利时、荷兰、英国、沙特阿拉伯为 300 km/h，丹麦和土耳其为 250 km/h。

第一节　高速铁路轨道

轨道由钢轨、扣件、轨枕、道床等组成，是列车行驶的基础。有砟轨道和无砟轨道是高速铁路轨道结构的两种基本形式，其中有砟轨道是采用碎石等散粒体及轨枕为轨下基础的轨道结构，无砟轨道则是采用混凝土等整体结构为轨下基础的轨道结构。

1. 板式无砟轨道

轨道板（预制的钢筋混凝土板或预应力钢筋混凝土板）是板式无砟轨道的主要部件。板式无砟轨道的形式主要有CRTS Ⅰ型板式无砟轨道、CRTS Ⅱ型板式无砟轨道、CRTS Ⅲ型板式无砟轨道[2, 4]。

CRTS Ⅰ型板式无砟轨道是在现场浇筑的钢筋混凝土底座上铺装预制轨道板，通过水泥乳化沥青砂浆进行调整，并通过凸形挡台进行限位的单元板式无砟轨道结构形式。

路基地段底座在路基基床表层上设置［图1-1（a）］；桥梁地段底座在梁面上设置［图1-1（b）］，通过梁体预埋套筒植筋或预埋钢筋的方式与桥梁连接。

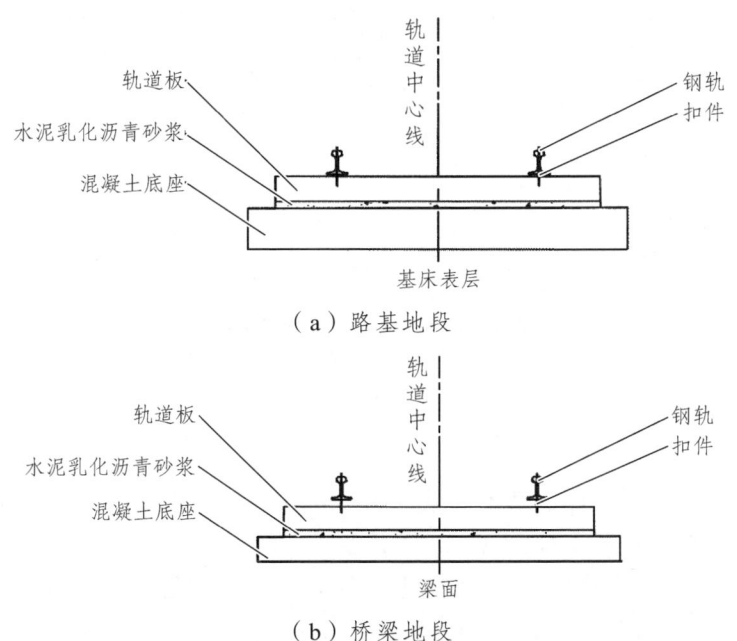

图1-1　CRTS Ⅰ型板式无砟轨道横断面示意

CRTS Ⅰ型板式无砟轨道在哈大高铁、哈齐客专、沪宁高铁、广深港高铁、宁安高铁等高铁工程中得到了应用。

CRTS Ⅱ型板式无砟轨道是在现场摊铺的支承层或现场浇筑的钢筋混凝土底座上铺装预制轨道板，通过水泥乳化沥青砂浆进行调整的纵连板式无砟轨道结构形式。路基地段支承层在路基基床表层上设置［图1-2（a）］；桥梁地段底座板为纵向连续的钢筋混凝土结构，底座板两侧间隔一定距离设置侧向挡块［图1-2（b）］。

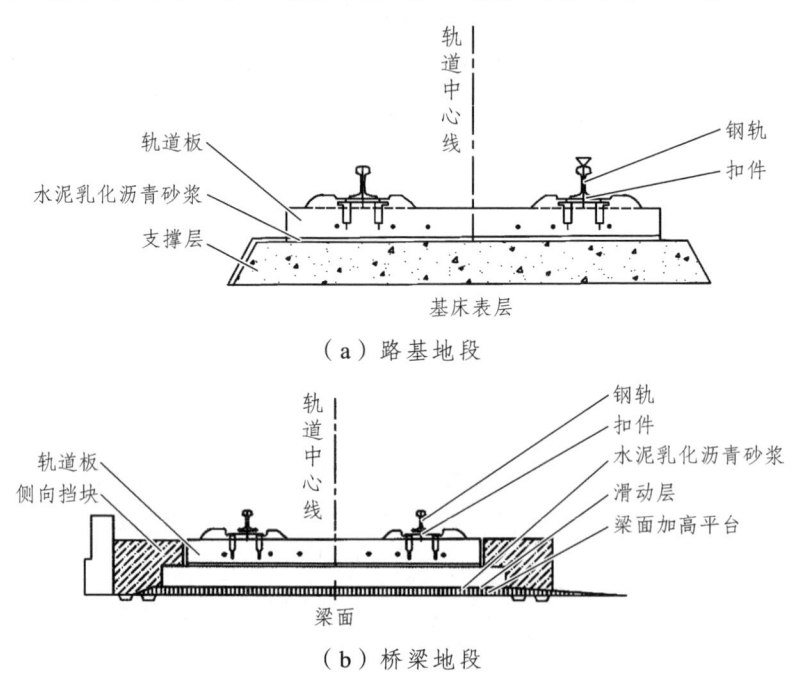

图 1-2　CRTS Ⅱ型板式无砟轨道横断面示意

京津城际铁路、京沪高铁、津秦高铁、京石武高铁、宁杭高铁、沪昆高铁杭长段等应用了CRTS Ⅱ型板式无砟轨道。

CRTS Ⅲ型板式无砟轨道是在现场浇筑的钢筋混凝土底座上铺装带挡肩的预制轨道板，通过自密实混凝土进行调整，并通过底座和自密实混凝土层设置的凹槽和凸台进行限位的单元板式无砟轨道结构形式。轨道板与底座间充填自密实混凝土，底座顶面设置隔离层；对应每块轨道板，底座设置限位凹槽，凹槽侧面设弹性垫层。

路基地段底座在路基基床表层上设置［图1-3（a）］；桥梁地段底座在梁面上设置，通过梁体预埋套筒植筋或预埋钢筋的方式与桥梁连接［图1-3（b）］。

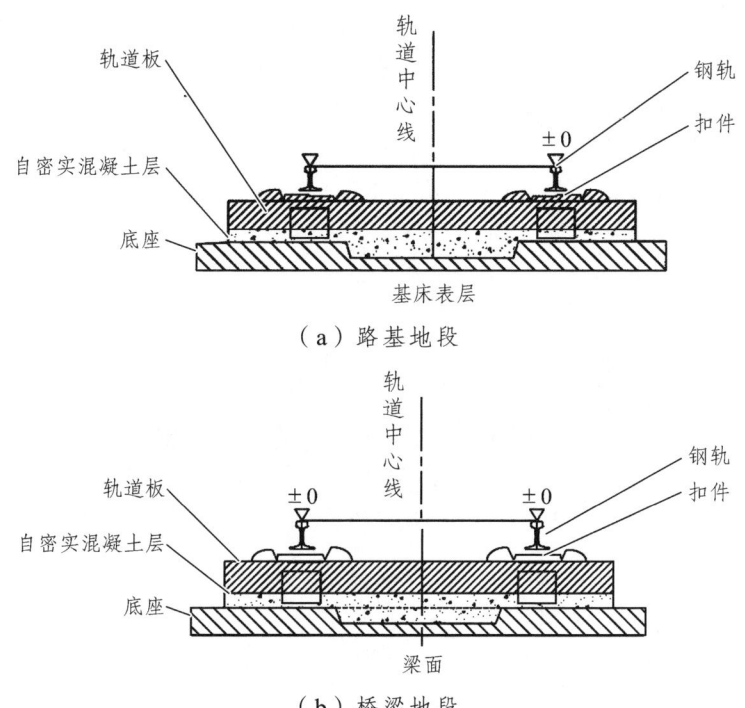

图1-3　CRTSⅢ型板式无砟轨道横断面示意

CRTSⅢ型板式无砟轨道是我国具有完全自主知识产权的无砟轨道结构，已在盘营客专、郑徐高铁、日兰高铁、昌赣高铁、赣深高铁、安九高铁、合安高铁、京雄高铁、郑阜高铁、常益长高铁、郑济高铁、济青高铁、商合杭高铁、京沈高铁、朝凌高铁等高速铁路工程中得到成功应用。

2. 双块式无砟轨道

双块式轨枕（采用钢筋桁架连接两块混凝土支承块而形成的轨枕）是双块式无砟轨道的主要部件。双块式无砟轨道形式主要是

CRTS I 型双块式无砟轨道,以及少量的 CRTS II 型双块式无砟轨道。

CRTS I 型双块式无砟轨道是将预制的双块式轨枕组装成轨排,以现场浇筑混凝土的方式将轨枕浇筑到钢筋混凝土道床内的无砟轨道结构形式。路基地段道床板可为分块或纵向连续的钢筋混凝土结构,支承层在路基基床表层上设置[图 1-4(a)]。桥梁地段道床板、底座沿线路纵向在梁面上分块构筑;对应每块轨道板,底座设置限位凹槽,凹槽侧面设弹性垫层;底座通过梁体预埋套筒植筋或预埋钢筋的方式与桥梁连接,底座顶面设置隔离层[图 1-4(b)]。

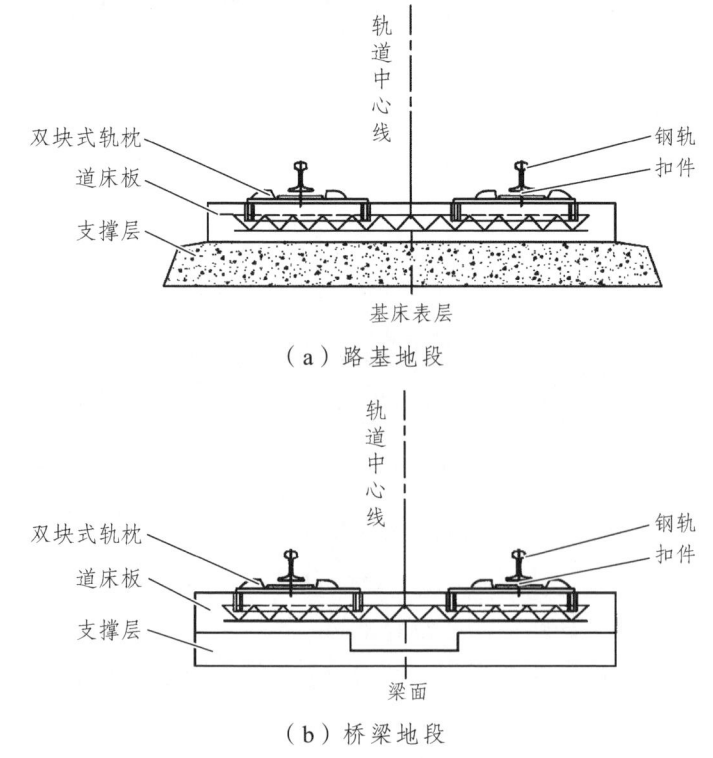

图 1-4 CRTS I 型双块式无砟轨道横断面示意

武广高铁、兰新高铁、合福高铁、西宝高铁、宝兰高铁、西成高铁、成渝高铁、郑万高铁、沪昆高铁长昆段、成贵高铁乐山至贵阳段、张吉怀高铁、汉十高铁、杭绍台高铁、福厦高铁等应用了 CRTS Ⅰ 型双块式无砟轨道，郑西高铁则采用了 CRTS Ⅱ 型双块式无砟轨道。

对于道岔区，则采用轨枕埋入式无砟轨道、板式无砟轨道。

3．有砟轨道

高速铁路正线有砟轨道道床采用特级碎石道砟，轨枕采用 Ⅲ 型混凝土轨枕，每千米铺设 1 667 根。道岔区铺设混凝土岔枕。海南东环高铁、徐盐高铁、太焦高铁、银西高铁、银兰高铁、喀赤高铁、沈佳高铁、哈伊高铁、合宁高铁、甬温高铁、温福高铁、福厦高铁、厦深高铁、张呼高铁、崇礼铁路、南崇高铁、弥蒙高铁等设计速度为 250 km/h 的高速铁路均采用了有砟轨道。

银西高铁是我国一次性建成里程最长的有砟高速铁路，设计速度为 250 km/h，预留有进一步提速的条件。咸阳北站至永寿西站区段设置的 300 km/h 新型有砟轨道结构试验段，是国内第一条长大区间高速有砟轨道试验段（图 1-5）。

图 1-5　银西高铁有砟轨道（中国铁路公众号）

有砟轨道弹性条件好，具有较好的轮轨接触效应，且维修较方便，造价相对较低。但有砟轨道的线路状态保持能力较差，在列车动荷载作用下，有砟道床养护维修工作量较大。无砟轨道结构稳定性好、平顺性高，轨道状态可以长期保持，维修工作量大幅减少。无砟轨道结构的轨道状态主要通过扣件系统进行调整，因此线下基础的稳定是铺设无砟轨道的前提条件。活动断裂带、地面严重沉降区、冻结深度较大且地下水位较高的季节性冻土区，以及深厚层软土等区域变形不易控制的特殊地质条件地段，由于无砟轨道结构调整能力有限，一般采用有砟轨道结构。我国新建 250 km/h 高速铁路多采用有砟轨道，新建 300 km/h 及以上高速铁路、长度超过 1 km 的隧道及隧道群地段则多采用无砟轨道。

截至 2021 年年底，我国高速铁路营业里程超过 4 万 km，其中正线无砟轨道里程约 2.21 万 km，占比 58.3%；CRTS Ⅰ 型、Ⅱ 型、Ⅲ 型板式和双块式无砟轨道里程分别为 4 673.6、8 724.9、8 147.6 和 22 607.9 铺轨公里，2 336.8、4 362.45、4 073.8、11 303.95 单线公里。

4．钢轨与扣件

高速铁路动车组列车轴重较轻，且线路平顺性高，轮轨间的动荷载较小，因此，高速铁路一般采用 60 kg/m 的钢轨。

高速铁路有砟轨道采用与轨枕匹配的弹性扣件，其弹性垫层静刚度宜为 50～70 kN/mm。高速铁路无砟轨道采用与轨道板或轨枕匹配的弹性扣件，其弹性垫层静刚度宜为 20～30 kN/mm。我国高速铁路有砟轨道扣件节点间距一般为 600 mm，而不同形式的无砟轨道扣件节点间距则有所不同。CRTS Ⅰ 型板式无砟轨道扣件节点标准间距为 629 mm，CRTS Ⅱ 型板式无砟轨道和 CRTS Ⅰ 型双块式无砟轨道扣件节点标准间距为 650 mm，CRTS Ⅲ 型板式无砟轨道扣件节点标准间距为 630 mm。郑西高铁 CRTS Ⅱ 型双块式无砟轨道扣件节点标准间距为 654 mm。

由于不同类型轨道的结构、几何尺寸、刚度等物理力学参数不同，动车组运行引起的噪声、环境振动等特性也各有差异。

第二节 高速铁路动车组

动车组是由动车（有动力）和拖车（无动力）组成的自带动力、固定编组、两端均可操纵驾驶、整列一体化设计的一组列车[5]。

动车组按动力源类型可分为电动车组（EMU）和内燃动车组（DMU）两类。电动车组以电力为动力源，内燃动车组以柴油为动力源。

动车组按动力和驱动设备的布置形式可分为动力集中动车组和动力分散动车组两类。将列车的动力设备集中在列车的一端或两端车辆上的动车组称为动力集中动车组；而动力分散动车组的动力设备则分散布置在若干车辆上，并且每辆车均能载客。

目前，世界上的高速铁路列车类型主要有法国的 TGV 和 Thalys、德国的 ICE、意大利的 ETR 和 AGV、日本的 N700 和 E5，以及中国的和谐号 CRH 动车组和复兴号 CR 动车组。

1. CRH（和谐号）系列

CRH1 系列原型为加拿大庞巴迪 Regina C2008 型，CRH2 系列原型为日本川崎重工新干线的 E2 系 1000 番台，CRH3 系列原型为德国西门子的 ICE-3 列车。CRH5 系列的动力装置以法国阿尔斯通的 Pendolino 宽体摆式列车为基础，但取消摆式功能，车体以意大利铁路的 ETR 摆式动车组为原型。和谐号动车组参数见表 1-1。

表 1-1 和谐号动车组参数（运营速度 ≥ 200 km/h）

系列	型号	编组辆数	长度/m	轴重/t	轴距/m	转向架中心距/m
CRH1	CRH1A	8	213.7	16	2.7	19.0
	CRH1A-A	8	207.89	16	2.7	18.8
	CRH1B	16	426.3	16	2.7	19.0
	CRH1E	16	428.96	16	2.7	18.8
CRH2	CRH2A	8	201.4	14	2.5	17.5
	CRH2B	16	401.4	14	2.5	17.5
	CRH2C	8	201.4	14	2.5	17.5
	CRH2E	16	401.4	14	2.5	17.5
	CRH2G	16	401.4	14	2.5	17.5

续表

系列	型号	编组辆数	长度/m	轴重/t	轴距/m	转向架中心距/m
CRH3	CRH3A	8	209.75	17	2.5	17.375
	CRH3C	8	200.67	17	2.5	17.375
CRH5	CRH5A	8	211.5	17	2.7	19.0
	CRH5E	16	418.7	17	2.7	19.0
	CRH5G	8	211.5	17	2.7	19.0
CRH6	CRH6A	8	201.4	15.5	2.5	17.5
	CRH6A-A	4	101.4	15.5	2.5	17.5
CRH380	CRH380A	8	203	15	2.5	17.5
	CRH380AL	16	403	15	2.5	17.5
	CRH380B	8	202.95	17	2.5	
	CRH380BG	8	200.67	17	2.5	17.375
	CRH380BL	16	399.27	17	2.5	17.375
	CRH380CL	16	400.47	17	2.5	17.375
	CRH380D	8	215.3	17	2.7	

数据来源：www.china-emu.cn。

2. CR 系列（复兴号动车组）

我国标准动车组在环保、节能、降低全寿命周期成本、进一步提高安全冗余度等方面加大了创新力度，具有创新性、智能化、安全性、人性化、经济性等特点。复兴号系列高速列车目前包括 CR400 系列、CR300 系列，其中 CR400 系列的 400AF、400BF 运营速度为 350 km/h，CR300 系列的 300AF、300BF 运营速度为 250 km/h。复兴号动车组 CR400 列车于 2017 年 6 月 26 日在京沪高铁首发。我国标准的动车组完全具备适应各种不同地质条件和运营环境的能力，可以实现不同地区动车组技术的兼容。复兴号动车组参数见表 1-2。

表 1-2　复兴号动车组参数（运营速度≥200km/h）

系列	型号	编组	长度/m	轴重/t	轴距/m	转向架中心距/m
时速 350 km 系列	CR400AF	8	209	17	2.5	17.8
	CR400AF-A	16	414	17	2.5	17.8
	CR400AF-B	17	439.8	17	2.5	17.8
	CR400AF-C	8	209	17	2.5	17.8
	CR400AF-G	8	208.95	17	2.5	17.8
	CR400AF-Z	8	209	17	2.5	17.8
	CR400AF-BZ	17	439.85	17	2.5	17.8
	CR400BF	8	209.06	17	2.5	17.8
	CR400BF-A	16	414.3	17	2.5	17.8
	CR400BF-B	17	439.9	17	2.5	17.8
	CR400BF-C	8	211.31	17	2.5	17.8
	CR400BF-G	8	209.06	17	2.5	17.8
	CR400BF-Z	8	211.31	17	2.5	17.8
	CR400BF-BZ	17	442.16	17	2.5	17.8
	CR400BF-GZ	8	211.31	17	2.5	17.8
时速 250 km 系列	CR300AF	8	208.95	17	2.5	17.8
	CR300BF	8	208.95	17	2.5	17.8

数据来源：www.china-emu.cn。

据"铁道视界"的统计，截至 2022 年年底，我国铁路共配属动车组 3 460 列，折合标准组（以 8 节编组为一个标准组）3 991.625 组。其中：300～350 km/h 动车组 2 016 列，约占全国动车组总数的 58.27%；200～250 km/h 动车组 1 375 列，约占全国动车组总数的 39.74%；160 km/h 动车组 69 列，约占全国动车组总数的 1.99%。复兴号动车组已累计配属 803 列（不含动检车），约占全国动车组总数的 23.2%。

需要注意的是，各型动车组的轴重、簧下质量、编组长度、运营速度等参数不同，使得动车组运行引起的噪声、环境振动等特性也各有差异。

第三节　我国高速铁路发展现状

铁路是国民经济大动脉、关键基础设施和重大民生工程，是综合交通运输体系的骨干和主要交通方式之一，在我国经济社会发展中的地位和作用至关重要。

2016年6月29日，国务院第139次常务会议审议并原则通过了《中长期铁路网规划》；7月13日，国家发展和改革委员会、交通运输部和铁路总公司以发改基础〔2016〕1536号文正式印发《中长期铁路网规划》（2016）[6]，第一次在铁路规划中明确提出了"高速铁路网"。到2020年，高速铁路规模达到3万km，覆盖80%以上的大城市；到2025年，高速铁路规模达到3.8万km，形成以"八纵八横"主通道为骨架、区域连接线衔接、城际铁路补充的高速铁路网。远期高速铁路规模将达到4.5万km。建成现代高速铁路网，连接主要城市群，基本连接省会城市和其他50万人口以上大中城市，形成以特大城市为中心覆盖全国、以省会城市为支点覆盖周边的高速铁路网。实现相邻大中城市间1~4 h交通圈，城市群内0.5~2 h交通圈，提供安全可靠、优质高效、舒适便捷的旅客运输服务。

为满足快速增长的客运需求，优化拓展区域发展空间，在"四纵四横"高速铁路的基础上，增加客流支撑、标准适宜、发展需要的高速铁路，部分利用时速200 km铁路，形成以"八纵八横"主通道为骨架、区域连接线衔接、城际铁路补充的高速铁路网，实现省会城市高速铁路通达、区际高效便捷相连。

高速铁路主通道规划新增项目原则采用时速250 km及以上标准（地形地质及气候条件复杂困难地区可以适当降低），其中：沿线城镇人口稠密、经济比较发达、贯通特大城市的铁路可采用时速

350 km 标准；区域铁路连接线原则采用时速 250 km 及以下标准；城际铁路原则采用时速 200 km 及以下标准。

1. 构筑"八纵八横"高速铁路主通道

（1）"八纵"通道。

沿海通道。大连（丹东）—秦皇岛—天津—东营—潍坊—青岛（烟台）—连云港—盐城—南通—上海—宁波—福州—厦门—深圳—湛江—北海（防城港）高速铁路（其中青岛至盐城段利用青连、连盐铁路，南通至上海段利用沪通铁路），连接东部沿海地区，贯通京津冀、辽中南、山东半岛、东陇海、长三角、海峡西岸、珠三角、北部湾等城市群。

京沪通道。北京—天津—济南—南京—上海（杭州）高速铁路，包括南京—杭州、蚌埠—合肥—杭州高速铁路，同时通过北京—天津—东营—潍坊—临沂—淮安—扬州—南通—上海高速铁路，连接华北、华东地区，贯通京津冀、长三角等城市群。

京港（台）通道。北京—衡水—菏泽—商丘—阜阳—合肥（黄冈）—九江—南昌—赣州—深圳—香港（九龙）高速铁路；支线为合肥—福州—台北高速铁路，包括南昌—福州（莆田）铁路。连接华北、华中、华东、华南地区，贯通京津冀、长江中游、海峡西岸、珠三角等城市群。

京哈-京港澳通道。哈尔滨—长春—沈阳—北京—石家庄—郑州—武汉—长沙—广州—深圳—香港高速铁路，包括广州—珠海—澳门高速铁路，连接东北、华北、华中、华南、港澳地区，贯通哈长、辽中南、京津冀、中原、长江中游、珠三角等城市群。

呼南通道。呼和浩特—大同—太原—郑州—襄阳—常德—益阳—邵阳—永州—桂林—南宁高速铁路，连接华北、中原、华中、华南地区，贯通呼包鄂榆、山西中部、中原、长江中游、北部湾等城市群。

京昆通道。北京—石家庄—太原—西安—成都（重庆）—昆明高速铁路，包括北京—张家口—大同—太原高速铁路，连接华北、西北、西南地区，贯通京津冀、太原、关中平原、成渝、滇中等城市群。

包（银）海通道。包头—延安—西安—重庆—贵阳—南宁—湛江—海口（三亚）高速铁路，包括银川—西安以及海南环岛高速铁路，连接西北、西南、华南地区，贯通呼包鄂、宁夏沿黄、关中平原、成渝、黔中、北部湾等城市群。

兰（西）广通道。兰州（西宁）—成都（重庆）—贵阳—广州高速铁路，连接西北、西南、华南地区，贯通兰西、成渝、黔中、珠三角等城市群。

（2）"八横"通道。

绥满通道。绥芬河—牡丹江—哈尔滨—齐齐哈尔—海拉尔—满洲里高速铁路，连接黑龙江及蒙东地区。

京兰通道。北京—呼和浩特—银川—兰州高速铁路，连接华北、西北地区，贯通京津冀、呼包鄂、宁夏沿黄、兰西等城市群。

青银通道。青岛—济南—石家庄—太原—银川高速铁路（绥德至银川段利用太中银铁路），连接华东、华北、西北地区，贯通山东半岛、京津冀、太原、宁夏沿黄等城市群。

陆桥通道。连云港—徐州—郑州—西安—兰州—西宁—乌鲁木齐高速铁路，连接华东、华中、西北地区，贯通东陇海、中原、关中平原、兰西、天山北坡等城市群。

沿江通道。上海—南京—合肥—武汉—重庆—成都高速铁路，包括南京—安庆—九江—武汉—宜昌—重庆、万州—达州—遂宁—成都高速铁路（成都至遂宁段利用达成铁路），连接华东、华中、西南地区，贯通长三角、长江中游、成渝等城市群。

沪昆通道。上海—杭州—南昌—长沙—贵阳—昆明高速铁路，连接华东、华中、西南地区，贯通长三角、长江中游、黔中、滇中等城市群。

厦渝通道。厦门—龙岩—赣州—长沙—常德—张家界—黔江—重庆高速铁路（厦门至赣州段利用龙厦铁路、赣龙铁路，常德至黔江段利用黔张常铁路），连接海峡西岸、中南、西南地区，贯通海峡西岸、长江中游、成渝等城市群。

广昆通道。广州—南宁—昆明高速铁路,连接华南、西南地区,贯通珠三角、北部湾、滇中等城市群。

2.拓展区域铁路连接线

在"八纵八横"主通道的基础上,规划建设高速铁路区域连接线,进一步完善路网、扩大覆盖。

东部地区。北京—唐山、天津—承德、日照—临沂—菏泽—兰考、上海—湖州、南通—苏州—嘉兴、杭州—温州、合肥—新沂、龙岩—梅州—龙川、梅州—汕头、广州—汕尾等铁路。

东北地区。齐齐哈尔—乌兰浩特—白城—通辽、佳木斯—牡丹江—敦化—通化—沈阳、赤峰和通辽至京沈高铁连接线、朝阳—盘锦等铁路。

中部地区。郑州—阜阳、郑州—濮阳—聊城—济南、黄冈—安庆—黄山、巴东—宜昌、宣城—绩溪、南昌—景德镇—黄山、石门—张家界—吉首—怀化等铁路。

西部地区。玉屏—铜仁—吉首、绵阳—遂宁—内江—自贡、昭通—六盘水、兰州—张掖、贵港—玉林等铁路。

3.发展城际客运铁路

在优先利用高速铁路、普速铁路开行城际列车服务城际功能的同时,规划建设支撑和引领新型城镇化发展、有效连接大中城市与中心城镇、具有服务通勤功能的城市群城际客运铁路。

京津冀、长三角、珠三角、长江中游、成渝、中原、山东半岛等城市群,建成城际铁路网;海峡西岸、哈长、辽中南、关中、北部湾等城市群,建成城际铁路骨架网;滇中、黔中、天山北坡、宁夏沿黄、呼包鄂榆等城市群,建成城际铁路骨干通道。

2020年8月13日,中国国家铁路集团有限公司发布《新时代交通强国铁路先行规划纲要》[7],提出了中国铁路2035年、2050年发展目标和主要任务,描绘了新时代中国铁路发展美好蓝图。到2035年,全国铁路网将达到20万千米,其中高铁7万千米左右。

20万人口以上城市实现铁路覆盖，其中，50万人口以上城市高铁通达，全国1、2、3小时高铁出行圈全面形成。建成以高速铁路主通道为骨架、区域性高速铁路衔接延伸的发达高速铁路网，构建快速综合交通网的主骨架。

截至2022年年底，我国高铁营业里程达4.26万km，占世界高铁总里程的2/3以上。其中：时速300~350 km的高铁运营里程1.74万km，占比40.8%；时速200~250 km的高铁运营里程2.52万km，占比59.2%。我国成为世界上唯一实现高铁时速350 km商业运营的国家，在京沪高铁、京津城际、京张高铁、成渝高铁、京广高铁京武段近3 200 km的线路上，复兴号常态化按时速350 km运营。

以2008年我国第一条设计时速350 km的京津城际铁路建成运营为标志，我国已成功建设了世界上规模最大、现代化水平最高的高速铁路网——高铁运营里程最长、商业运营速度最高、运营网络通达水平世界最高、高速列车运行数量最多、高铁技术体系最全、运营场景和管理经验最丰富，且在建规模最大。"四纵四横"高铁网全面建成，"八纵八横"高铁网正加密成型，全国94.9%的50万人口以上城市实现高铁覆盖。京沪通道、京哈-京港澳通道、青银通道、陆桥通道、沪昆通道、广昆通道已实现贯通，长三角、珠三角、京津冀三大城市群高铁连片成网，东部、中部、西部和东北四大板块高铁互联互通。

我国高速铁路在取得巨大成功的同时，其建设和运营中出现的生态环境问题也引起了广泛关注。生态环境部环境工程评估中心发布的《2021年铁路行业环境评估报告》[8]显示，2021年"八纵八横"铁路网干线通道昼间70 dB、夜间60 dB声级噪声影响面积分别约为2 221 km^{2}和5 667 km^2，比2017年"四纵四横"铁路网干线通道昼间70 dB、夜间60 dB声级噪声影响面积（分别约为726 km^{2}和2 495.2 km^2）大幅增加，特别是300 km/h速度级以上的高铁长大线路，噪声影响突出。运营期噪声问题已成为影响高速铁路绿色水平的主要因素。

高速铁路在施工期和运营期均会对沿线的生态、环境造成影响，本书只讨论环境污染，不涉及生态影响。

第二章　高速铁路工程施工期环境污染及其控制

高速铁路工程施工期对环境的影响主要是生态破坏和环境污染,本书只涉及噪声、环境振动、水污染、大气污染、固体废弃物、光污染等环境污染的来源及其控制措施。

第一节 高速铁路主要工程施工内容及施工机械

一、高速铁路路基工程施工内容及施工机械

高速铁路路基工程施工内容主要包括地基处理、路堤/路堑、支挡结构、边坡防护、路基防排水,以及路基相关工程及设施(声屏障基础、接触网支柱基础、电缆槽等)[9]。高速铁路路基工程施工机械见表2-1[10]。

表2-1 高速铁路路基工程施工机械

序号	施工内容	施工机械
1	地基处理	推土机,挖掘机,装载机,碾压设备(压路机、夯实设备),运输设备(自卸汽车),强夯机,抽排水设备(袋装砂井机、插板机),真空预压施工机械(真空射流泵),成孔机械(柴油锤打桩机、电动落锤打桩机、振动沉桩机、冲击成孔机、长螺旋钻机),拌和机械,振冲器,泥浆泵,搅拌桩机,旋喷桩机,混凝土搅拌运输车,混凝土泵,振动沉管桩机,打桩机,钻机(正循环钻机、反循环钻机、冲击钻机、旋挖钻机)等
2	填料制备	推土机、挖掘机、装载机、振动筛、洒水车、破碎筛分生产线设备、改良土拌和设备、路拌机、粉料撒布机等
3	路基填筑	自卸车、推土机、平地机、压路机、洒水车、小型夯实设备、摊铺机
4	路堑开挖	机械开挖:挖掘机、自卸汽车、洒水车、推土机、装载机; 爆破开挖:(风动、电动、液压)凿岩机,潜孔钻机,空压机,自卸汽车

续表

序号	施工内容	施工机械
5	支挡结构	挖掘机、装载机、自卸汽车、汽车吊、水泵、凿岩机、空压机、打桩机、混凝土搅拌运输车、混凝土汽车泵、混凝土振捣棒、砂轮切割机、闪光对焊机、电弧焊机、钢筋切断机
6	边坡防护	钻机、空压机、液压喷播机、砂轮切割机、灌浆机、搅拌机、对焊机、电钻
7	防排水	砂浆搅拌机、运输车、水泵
8	路基相关工程	砂浆搅拌机、运输车、吊车、开槽设备、挖掘机、空压机、风镐、小型旋挖钻

二、高速铁路桥涵工程施工内容及施工机械

高速铁路桥涵工程施工内容主要包括明挖基础、桩基础、沉井基础、墩台、梁体、涵洞、支座、梁面基础[11]。高速铁路桥涵工程施工机械见表 2-2[12]。

表 2-2　高速铁路桥涵工程施工机械

序号	施工内容	施工机械
1	通用施工	钢筋加工机械：调直机，（机械、液压）钢筋切断机，钢筋弯曲机，闪光对焊机，电弧焊机，砂轮切割机； 混凝土施工机械：生产机械（拌和设备、自动计量设备、上料设备、供水设备、供电设备），运输机械（混凝土搅拌运输车、混凝土输送泵），浇筑机械（泵车、拖式泵），振捣机械（插入式振捣器、附着式振捣器），整平机械，养护设备（蒸汽锅炉、蒸养棚等蒸养混凝土机械），骨料清洗机械； 预应力施工机械：千斤顶等张拉设备、成孔设备、压浆设备； 起重机械：塔式起重机、门式起重机、汽车起重机、轮胎起重机、履带起重机、桅杆起重机、缆索起重机

续表

序号	施工内容	施工机械
2	基础施工	明挖基础：土石方施工机械（挖掘机、风镐、空压机），抽排水设备，混凝土机械，钢筋加工机械，基坑支护设备； 桩基：沉入桩机械（柴油打桩机、振动打桩机、静力压桩机），钻孔灌注桩基础施工机械［成孔设备（钻机和泥浆循环系统）、混凝土灌注和钢筋加工机械及护筒打入设备、泥浆处理设备（泥浆搅拌机、泥沙分离器）］； 沉井基础施工机械设备：土石方施工机械、混凝土机械、钢筋加工机械、沉井下沉辅助机械； 水上施工机械：拖轮、工程驳船、机动驳船、打桩船、起重船、发电船、工作船、混凝土搅拌船、泥浆船、挖泥船、水上作业平台、舟桥、浮箱等
3	墩台施工	钢筋加工机械、混凝土机械、起重机械、钢模板及其调整和固定系统
4	混凝土梁施工	简支箱梁预制架设：钢筋加工机械、混凝土拌和机械、混凝土浇筑机械、预应力施工机械、起重机械、发电机、混凝土振捣机具、蒸养设备、压浆设备； 混凝土箱梁搬运机械：门式起重机、专用提梁机、移梁小车、专用搬梁机和专用搬梁车； 箱梁架设机械设备：架桥机和落梁千斤顶； 支架现浇法制梁：地基处理机械、钢筋加工机械、混凝土机械、预应力施工机械、汽车起重机、备用发电机等； 移动模架现浇制梁：钢筋加工机械、混凝土机械、预应力施工机械、起重机械等； 移动支架节段拼装法制梁：节段预制、节段运输及节段拼装机械等； 悬臂浇筑法制梁：钢筋加工机械、混凝土机械、预应力施工机械、塔式起重机、挂篮及墩旁托架或支架等
5	钢梁施工	挖掘机、装载机、自卸汽车、汽车吊、水泵、凿岩机、空压机、打桩机、混凝土搅拌运输车、混凝土汽车泵、混凝土振捣棒、砂轮切割机、闪光对焊机、电弧焊机、钢筋切断机
6	其他桥梁施工	钻机、空压机、液压喷播机、砂轮切割机、灌浆机、搅拌机、对焊机、电钻

三、高速铁路隧道工程施工内容及施工机械

高速铁路隧道工程施工内容主要包括洞口工程、开挖（暗挖、明挖、掘进机、盾构）、装/运及弃渣、支护衬砌、通风、防排水、辅助坑道、附属构筑物等[13]。施工方法包括钻爆法、掘进机（TBM）法、盾构法、明挖法。高速铁路隧道工程施工机械包括开挖机械、装/运渣机械、支护机械、辅助施工机械等，详见表2-3[14]。

表2-3 高速铁路隧道工程施工机械

序号	施工内容	施工机械
1	开挖	爆破钻孔采用液压凿岩台车或多功能台架配合风钻；隧道开挖采用液压钻孔时配置液压站，采用风钻时配置螺杆式可移动空压机；土质隧道、不适宜爆破施工及需要减振开挖的隧道，采用小型挖掘机、铣挖机等进行开挖
2	超前支护与初期支护	大管棚施作机械选用钻孔、注浆一体的多功能钻机，不良地质隧道配置深孔钻注设备，预注浆配置可调式注浆泵，锚杆注浆配置专用砂浆注浆泵，喷射混凝土使用湿喷机或混凝土喷射机组，运送湿喷料采用可搅拌混凝土输送车
3	装砟与运输	装载机，无轨运输可采用柴油自卸汽车，有轨运输牵引车采用电瓶机车，运砟车采用梭式矿车或侧卸式矿车；斜井运输可选用无轨运输、轨道矿车提升或皮带运输、有轨运输、大型箕斗提升；竖井装运选用提升悬吊系统
4	衬砌	混凝土衬砌配置混凝土搅拌站、可搅拌轮胎式汽车混凝土输送车或可搅拌轨行式混凝土输送车或混凝土输送泵、整体平移式全断面衬砌钢模板台车、仰拱栈桥等
5	通风及防排水	通风机械（轴流通风机、射流风机），焊接机，抽水机，钻机，注浆泵，等

钻爆法是目前高速铁路隧道施工的主要工法，下穿城区段则多采用盾构法施工，如京沈高铁望京隧道、京张高铁清华园隧道、南崇高铁留村隧道采用了盾构法施工，广深港高铁狮子洋隧道、深江高铁珠江口隧道、汕汕高铁汕头湾海底隧道等下穿水/海域段也采用了盾构法施工。

四、高速铁路混凝土拌和站施工机械

高速铁路混凝土拌和站施工机械主要包括混凝土制备机械、混凝土输送机械、原材料运输机械、场地洒水及清洁设施、供电设施等,详见表2-4[15]。

表 2-4 高速铁路混凝土拌和站施工机械

序号	施工内容	施工机械
1	混凝土制备	搅拌机:强制式卧轴搅拌机、强制式行星搅拌机;供料系统:骨料供料设备(皮带输送机、提升斗等)、粉料供料设备(斗式提升机、螺旋输送机、气力输送设备)、水及外加剂供料设备(泵送),以及空压机等
2	混凝土输送	混凝土运输车:混凝土搅拌运输车、自卸车等;混凝土泵送设备:托式混凝土泵和混凝土泵车
3	原材料运输	粉料运输车(自带专用压缩空气装置)、骨料运输车(自卸汽车、轮胎式装载机)
4	骨料清洗	洗石机:螺旋式洗砂机、滚筒洗砂机、水轮洗砂机和振动洗石机,固定条筛;洗砂机:螺旋洗砂机、水轮洗砂机,固定筛网
5	场地洒水和车辆清洗	工程洒水车、简易洒水车,车辆冲洗机
6	供电设施	固定式柴油发电机组

第二节 高速铁路工程施工期噪声振动污染及其控制

一、高速铁路工程施工期噪声振动污染来源

1. 施工期噪声污染来源

高速铁路工程施工期噪声源主要包括动力式施工机械产生的噪声(固定源)和车辆运输噪声(流动源),以及爆破施工噪声。施工现场的各类机械设备包括装载机、挖掘机、推土机、混凝土搅拌机、重型吊车、旋转钻机等,这类机械是最主要的施工噪声源。

施工中土石方调配，设备、材料运输将动用大量运输车辆，这些运输车辆特别是重载汽车噪声辐射强度较高，对其频繁行驶经过的施工现场、施工便道和既有公路周围声环境将产生较大干扰，甚至引起噪声污染。施工场地挖掘、装载、运输等机械设备同时作业时，各类施工机械噪声源强见表2-5。

根据《环境噪声与振动控制工程技术导则》（HJ 2034—2013）附录A[16]，常见施工设备噪声源强（声压级）可参考表2-5。

表2-5 常见施工设备噪声源不同距离声压级

单位：dB（A）

施工设备	距声源5 m	距声源10 m	施工设备	距声源5 m	距声源10 m
液压挖掘机	82~90	78~86	振动夯锤	92~100	86~94
电动挖掘机	80~86	75~83	打桩机	100~110	95~105
轮式装载机	90~95	85~91	静力压桩机	70~75	68~73
推土机	83~88	80~85	风镐	88~92	83~87
移动式发电机	95~102	90~98	混凝土输送泵	88~95	84~90
各类压路机	80~90	76~86	混凝土搅拌车	85~90	82~84
重型运输车	82~90	78~86	混凝土振捣器	80~88	75~84
电锤	100~105	95~99	空压机	88~92	83~88

除施工机械设备产生噪声外，爆破噪声也是施工期的重要噪声源。爆破噪声属于脉冲噪声，为瞬时性强声源，爆破瞬间，源强可达110~130 dB（A），距爆破源20 m处，其声压级可达85 dB（A）。

爆破噪声影响范围可达 1.5 km，对位于爆破隧道口、深路堑爆破开挖等采用爆破施工区域附近的居民点影响较大。爆破为非连续性施工，爆破噪声的特点是噪声源强大、能量衰减快、持续时间短，随着爆破作业的结束，其影响也随即消失。

2. 施工期环境振动污染来源

高速铁路工程施工期振动主要来源于动力式施工机械设备产生的振动、重型运输车辆产生的振动，以及爆破施工引起的振动等。根据工程的施工特点，产生振动的施工机械和设备包括挖掘机、推土机、重型运输车、压路机、钻孔-灌浆机、空压机、风镐和打桩机等，以打桩机产生的振动强度为最大。各类施工机械及运输车辆振动源强见表 2-6。

表 2-6 常用施工机械及运输车辆环境振动参考振级 VL_{zmax}

单位：dB

施工机械及运输车辆	距振源距离			
	5 m	10 m	20 m	30 m
柴油打桩机	104~106	98~99	88~92	83~88
落锤打桩机	100	93	86	83
风镐	88~92	83~85	78	73~75
挖掘机	82~94	78~80	74~76	69~71
压路机	86	82	77	71
空压机	84~86	81	74~78	70~76
推土机	83	79	74	69
重型运输车	80~82	74~76	69~71	64~66
混凝土搅拌车		74		
钻孔-灌浆机（含冲击锤）		83		

二、高速铁路工程施工期噪声振动污染控制措施

1. 施工期噪声污染控制措施

施工组织设计应对邻近噪声敏感建筑物的施工机械，提出降低噪声影响的措施，施工期噪声控制应符合《建筑施工场界环境噪声排放标准》(GB 12523—2011)的规定[17]。施工过程中场界噪声不得超过表2-7规定的排放限值[18]。

表2-7　建筑施工场界噪声排放限值

单位：dB（A）

昼间	夜间
70	55

昼间一般是指早晨6点至晚上22点之间的时段；根据《中华人民共和国噪声污染防治法》，夜间是指晚上22点至次日早晨6点之间的时段，设区的市级以上人民政府可以另行规定本行政区域夜间的起止时间，夜间时段长度为8。如《深圳经济特区环境噪声污染防治条例》(2020年8月26日修正)规定，夜间是指23时至次日7时。

夜间噪声最大声级超过限值的幅度不得高于15 dB（A）。当场界距噪声敏感建筑物（如医院、学校、机关、科研单位、住宅等需要保持安静的建筑物）较近，其室外不满足测量条件时，可在噪声敏感建筑物室内测量，并将表2-7中相应的限值减10 dB（A）作为评价依据。

对于爆破施工，施工组织设计应按《爆破安全规程》(GB 6722—2014)的要求，对邻近噪声敏感区域的铁路爆破作业进行噪声控制。爆破作业突发噪声判据，采用保护对象所在地最大声级，其控制标准见表2-8[19]。

表 2-8 爆破噪声控制标准

声环境功能区类别	对应区域	不同时段控制标准/dB（A）	
		昼间	夜间
0 类	康复疗养区、有重病号的医疗卫生区或生活区，进入冬眠期的动物养殖区	65	55
1 类	以居民住宅、一般医疗卫生、文化教育、科研设计、行政办公为主要功能，需要保持安静的区域	90	70
2 类	以商业金融、集市贸易为主要功能，或者居住、商业、工业混杂，需要维护住宅安静的区域；噪声敏感动物集中养殖区，如养鸡场等	100	80
3 类	以工业生产、仓储物流为主要功能，需要防止工业噪声对周围环境产生严重影响的区域	110	85
4 类	人员警戒边界；非噪声敏感动物集中养殖区，如养猪场等	120	90
施工作业区	矿山、水利、交通、铁道、基建工程和爆炸加工的施工厂区内	125	110

在 0~2 类区域进行爆破时，应采取降噪措施并进行必要的爆破噪声监测。监测应采用爆破噪声测试专用的 A 计权声压计及记录仪，监测点宜布置在敏感建筑物附近和敏感建筑物室内。

施工期噪声污染的控制措施主要有：

（1）合理科学地布置施工场地，尽量远离居民区等敏感点。施工场界内合理安排施工机械，高噪声施工机械布置在远离居民区等噪声敏感点的一侧。禁止在噪声敏感建筑物集中区域内使用蒸汽桩机、锤击桩机等噪声严重超标的设备。

（2）采用低噪声施工设备（如电动装载机、电动挖掘机、电动运渣车、电动混凝土搅拌车等）和低噪声施工工艺，并加强维修养护，确保施工设备处于正常状态。土方机械（如压路机、履带式推土机、轮胎式装载机、轮胎式挖掘装载机、平地机、挖掘机）噪声值应优于国家标准《土方机械 噪声限值》（GB 16710—2010）要求。旋挖钻机、履带式强夯机、混凝土泵车等施工设备噪声应满足《建筑施工机械与设备　噪声测量方法及限值》(JB/T 13712—2019)要求的机外发射噪声限值。

（3）合理安排施工时间。高噪声施工作业尽量安排在白天或避开敏感时段，夜间不得进行高噪声施工，且夜间施工必须取得夜间施工许可。

（4）采用消声器、隔声罩、移动声屏障等降噪措施。

（5）对运输车辆噪声，应合理规划运输车辆行驶路线、行驶时间，尽量远离噪声敏感点，减小运输噪声对居民的影响。

（6）对爆破施工，合理采用爆破工艺方案（如采用局部非爆破开挖或弱爆破开挖工艺）、合理设置爆破参数、控制一次起爆炸药量、确定合理爆破时间（如采用延时爆破、微振爆破和使用导爆管等），从源头上降低爆破作业噪声对环境的不利影响。

（7）加强施工期环境管理，严格执行国家、地方有关规定；同时做好施工人员的环保意识教育，降低人为因素造成的噪声影响。

2. 施工期环境振动污染控制措施

施工组织设计应对邻近振动敏感建筑物的施工机械采取降低振动影响的措施，其振动控制应符合《城市区域环境振动标准》(GB 10070—88)及相关标准的规定。

高速铁路施工过程中环境振动不得超过表2-9规定的排放限值[20]。

表2-9　城市各类区域铅垂向Z振级（VL_Z）标准值

单位：dB

适用地带范围	昼间	夜间
特殊住宅区	65	65
居民、文化区	70	67
混合区、商业中心区	75	72
工业集中区	75	72
交通干线道路两侧	75	72
铁路干线两侧	80	80

每日发生的冲击振动,其最大值昼间不允许超过标准值10 dB,夜间不允许超过标准值3 dB。

施工期环境振动污染的控制措施主要有:

(1)合理布置施工场地,尽量加大施工振源与敏感建筑之间的距离;施工场地内强振动的机械应布设在远离振动敏感区一侧;当靠近居民住宅等敏感区段施工时,应禁止使用强振动机械。

(2)采用低振动施工设备,如液压式静力打桩机、旋挖钻机、正循环旋转钻机等。

(3)合理安排施工时间,振动大的施工作业尽量安排在白天,夜间不得进行高振动施工。

(4)采取减振、隔振措施,如设置减振沟,采用减振基座、隔振垫等。

(5)对施工车辆,特别是重型运输车辆,应合理规划运输车辆行驶路线、行驶时间,尽量远离振动敏感点,减小运输振动对振动敏感点的影响。

对爆破施工振动,施工组织设计应按《爆破安全规程》(GB 6722—2014)的要求,对邻近振动敏感区域的高速铁路爆破作业进行振动控制。地面建筑物的爆破振动判据,采用保护对象所在地基础质点峰值振动速度和主振频率。其安全允许标准见表2-10[19]。

表2-10 爆破振动安全允许标准

序号	保护对象	安全允许质点振动速度 V/(cm/s)		
		$f \leq 10$ Hz	10 Hz $< f \leq 50$ Hz	$f > 50$ Hz
1	土窑洞、土坯房、毛石房屋	0.15~0.45	0.45~0.9	0.9~1.5
2	一般民用建筑物	1.5~2.0	2.0~2.5	2.5~3.0
3	工业和商业建筑物	2.5~3.5	3.5~4.5	4.5~5.0
4	一般古建筑与古迹	0.1~0.2	0.2~0.3	0.3~0.5
爆破振动监测应同时测定质点振动相互垂直的三个分量,表中质点振动速度为三个分量中的最大值,振动频率为主振频率				

选取建筑物安全允许质点振速时，应综合考虑建筑物的重要性、建筑质量、新旧程度、自振频率、地基条件等；重点保护古建筑与古迹的安全允许质点振速，应经专家论证后选取。

爆破施工振动的控制措施主要有：

（1）对于邻近振动环境敏感点的路段，优先采用静态爆破或机械开挖等降低振动的措施。绵泸高铁内自泸段隧道穿越城市居民集中区时，设计采用非爆破机械开挖的方式下穿通过，消除了爆破振动影响，也将噪声污染降到最低。京张高铁施工中，对最小埋深仅 4 m 的青龙桥车站，采用了非爆破开挖。

（2）为避免爆破施工振动损坏周围房屋，需根据爆破施工现场的岩石情况和房屋距爆破点的距离，优化爆破施工方案，采用分层递减爆破厚度，或限制一次同时起爆的总装药量，以及采用微差爆破等技术措施，以确保房屋振动速度峰值在允许范围内。京张高铁八达岭长城站在下穿长城和复杂洞群之处采用电子雷管精准微损伤控制爆破技术，逐孔起爆。电子雷管精准微损伤控制爆破技术的振速只有 0.2 cm/s，工程施工产生的弱振动对长城没有产生振动破坏[21]。

（3）在施工过程中需加强管理，合理安排爆破作业时间，尽量在昼间进行集中爆破，将爆破振动对环境产生的不利影响减小到最低。

第三节　高速铁路工程施工期水污染及其控制

高速铁路工程施工期产生的污水主要来自施工作业产生的生产废水、施工机械及运输车辆的冲洗水、施工人员产生的生活污水等。若不妥善处理直接排放，这些废水可能污染地表水或地下水，对周边水环境造成不利影响。施工期生产废水、生活污水应经收集处理后回用或达标排放，不得向敏感水体或保护区域排放。

一、高速铁路隧道施工废水及其控制

1. 高速铁路隧道施工废水来源

隧道施工废水指隧道因钻孔、注浆等工艺产生的废水和隧道涌渗水与施工材料等混合形成的废水。高速铁路隧道施工中的废水来源主要有：钻机作业产生的高浊度施工废水、爆破后降尘用水、喷射混凝土和注浆产生的废水以及施工作业面渗水等。目前，铁路隧道施工以钻爆法为主，尽管隧道爆破后会及时通风换气，但仍有少量的物质从气相进入液相；随着掘进长度的增加，进入液相的物质的量也会不断增加。支护时要使用大量的水泥砂浆，其中的一部分会和渗漏的地下水混合，成为施工废水的一部分。地下水渗漏携带的泥沙量与围岩状况有关[22]。

（1）施工机械设备。

钻爆法施工过程中需使用大量机械设备，可能会发生油管密封不严造成液压油外泄和空压机械润滑油泄漏等，逸散或泄漏的各种机械设备油料与施工场地的其他废水混合，使得废水中石油类和悬浮物浓度升高。

（2）注浆止水材料。

地下水发育的地段需采取超前帷幕注浆和开挖后径向注浆、补注浆等作业，以减小围岩的渗透系数，控制地下水流失。注浆材料通常为水泥水玻璃溶液，主要成分是硅酸盐及其水解产生的硅酸三钙、硅酸二钙、氢氧化钙等，溶解于水中会造成废水中酸碱度（pH）升高。

（3）爆破材料。

施工炸药一般为铵梯炸药和乳化硝铵炸药，爆炸后产生的主要物质为 N_2、O_2、NO_2、NH_3 和钠盐，其水溶态为 NH_4^+、NO_3^-、Na^+。爆破炸药的不完全爆炸，导致残余硝酸铵可能以氨氮形式存在，在除尘水及渗水的淋洗作用下进入施工废水中。

（4）喷锚支护材料。

喷射混凝土及隧道衬砌中使用了大量水泥砂浆、混凝土，这些材料呈强碱性，随着隧道涌渗水溶解到水中，使废水的pH升高。喷锚及衬砌设备的润滑油泄漏到水中，形成含油废水。

2．高速铁路隧道施工废水水质

受地质环境、地层岩性、施工工艺、机械设备、管理水平等因素的影响，不同隧道施工中生产废水的水量水质变化较大，同一隧道不同地质段的差别也较大。常规岩性隧道施工废水中主要是无机污染物，悬浮物（SS）含量高，偏碱性并含有一定量的氨氮、石油类等污染物，可生化性相对较差。此类废水中浊度和SS指标通常很高，感官性状极差。

在钻爆法隧道施工中，开挖和爆破后产生的岩屑和粉尘是废水中SS的主要来源。施工废水中SS为主要污染物，主要来源于隧道爆破后用于降尘的水的排放，其浓度与掘进段岩性、洞口类型（顺/反坡）、水量（流速）等有关。一般情况下，在顺坡隧道中，当水量较小（流速≤0.3~0.5 m/s）时，SS中的大颗粒物在流行中易沉降，出水SS含量较小（约300~800 mg/L）；当顺坡隧道出水量较大（流速快）时，废水中SS不易沉降，出水SS含量高（大于1 000 mg/L）。通常，反坡隧道出水的SS含量较高（大于1 000 mg/L）。

隧道施工废水为碱性或弱碱性，废水中碱性主要源于隧道施工中的水泥、各类外加剂、注浆材料及其水解产物等，隧道衬砌、注浆所用混凝土、砂浆、添加剂（减水剂、防冻剂等）溶于水后，其水解产物多为碱性，导致废水pH增高。如水泥水解产生的硅酸三钙、硅酸二钙、氢氧化钙等，这些物质溶解在水中导致水中pH升高。

隧道爆破施工时使用的炸药在爆炸后会产生一系列反应产物，如硝铵等炸药残留物，随喷淋降尘作业进入涌水中，加之隧道内施工作业人员的生活污水中存在一定的氨氮，因此施工废水中含少量氨氮。

磷酸盐（总磷）主要源于环境本底值，而施工环节中无增加磷的工序。此外，在后续施工废水处理设施中投加PAC（聚合氯化铝）等混凝剂后，磷酸盐（总磷）可通过化学除磷方法加以去除。磷酸盐（总磷）非主要污染物。

石油物质来源于施工机械泄漏的油脂。

因此，典型高速铁路隧道施工废水的主要污染物是 SS 和 pH，其余指标如氨氮、化学需氧量（COD）、石油类和磷酸盐等不是施工废水的主要污染因子。根据郑万高铁隧道、京张高铁隧道、牡佳高铁隧道等的水质监测数据，高速铁路隧道施工废水出水水质如表 2-11 所示[23-24]。

表 2-11 典型高速铁路隧道工点施工废水出水水质

隧道工点	类别	SS/(mg/L)	pH	COD_{Cr}/(mg/L)	氨氮/(mg/L)	总磷/(mg/L)	石油类/(mg/L)
郑万高铁巫山隧道3号横洞	范围	1 064 ~ 3 766	7.3 ~ 9.3	19 ~ 36	0.72 ~ 1.38	0.03 ~ 0.34	0.35 ~ 1.17
	平均值	2 970	8.3	30	1.05	0.21	0.72
郑万高铁小三峡隧道1号横洞	范围	953 ~ 1 647	7.9 ~ 10.2	19 ~ 35	0.58 ~ 2.38	0.18 ~ 0.34	0.51 ~ 1.17
	平均值	1 202	8.9	28	1.38	0.25	0.81
京张高铁南山隧道出口	范围	446 ~ 468	8.5 ~ 8.7	11 ~ 15	0.15 ~ 1.00	—	0.15 ~ 0.20
	平均值	457	8.6	13	0.57	—	0.18
牡佳高铁七星峰隧道出口	范围	120 ~ 350	7.9 ~ 9.45	18 ~ 32	1.58 ~ 4.92	0.09 ~ 0.72	0.97 ~ 3.26
	平均值	262	8.2	23	2.39	0.25	1.25
杭黄高铁天目山隧道出口	范围	1 190 ~ 1 370	9.23 ~ 10.88	71.51 ~ 116.97	1.76 ~ 4.53	0.17 ~ 0.38	6.12 ~ 11.35
	平均值	1 280	10.06	94.24	3.15	0.28	8.74

数据来源：中铁二院工程集团有限公司：新建重庆至昆明高速铁路环境影响报告书，2019 年 12 月。

3. 高速铁路隧道施工废水处理

（1）高速铁路隧道施工废水处理常用工艺。

从表 2-11 可知，隧道施工废水中主要污染物为 SS，且呈碱性。在各隧道洞口处设置沉淀池，隧道施工废水经过沉淀，一般即可达到《污水综合排放标准》（GB 8978—1996）的相应要求。隧道施工废水达标后应尽量回用（图 2-1）。

图 2-1　广西九万大山铁路隧道施工废水沉淀池
（20190108　中铁二院　高山　摄）

根据《铁路给水排水设计规范》（TB 10010—2016）[25]，施工生产废水达到现行《污水综合排放标准》（GB 8978—1996）规定的一级排放标准或《铁路回用水水质标准》（TB/T 3007—2000）规定时，可采用图 2-2 工艺流程。

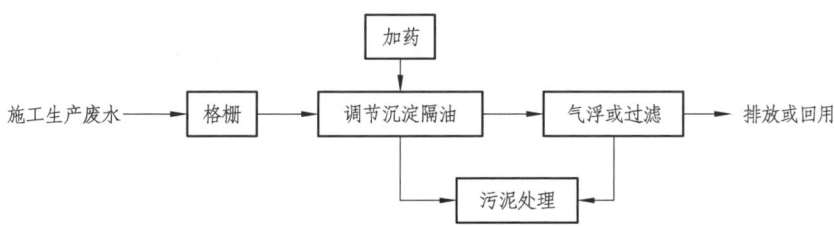

图 2-2　施工生产废水气浮或过滤处理工艺

施工生产废水达到现行《污水综合排放标准》(GB 8978—1996)规定的二级或三级排放标准时,可采用图2-3工艺流程。

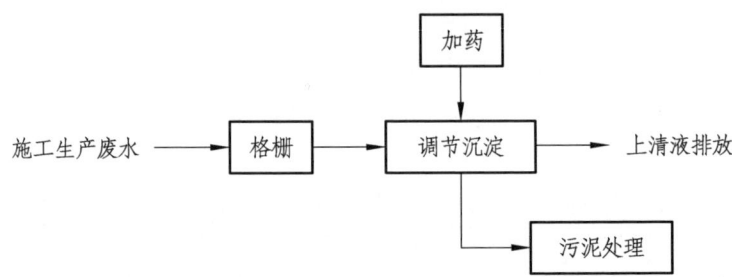

图2-3 施工生产废水沉淀处理工艺

施工期生产废水也可以采用"酸碱中和(投草酸)+反应(投混凝剂)+调节沉淀+过滤"组合工艺处理后排放。

铁路隧道施工实践中发现,施工废水的pH最高可达13.0,较《铁路给水排水设计规范》(TB 10010—2016)中的上限10.0显著偏大,而通过混凝剂(如铝盐或铁盐)的水解来降低废水的pH至6.0~9.0是不现实的,因此有必要增加调节pH措施,保障废水处理达标排放。此外,部分隧道施工废水中SS含量最高可达6 530 mg/L,较规范中SS含量的上限4 500 mg/L显著偏大,为降低后续处理负荷,应在调节沉淀池前增设沉砂单元,降低入池SS的含量。综上所述,将规范推荐的废水处理工艺流程优化为沉砂、调节pH、混凝、调节沉淀隔油、过滤,详见图2-4[26]。

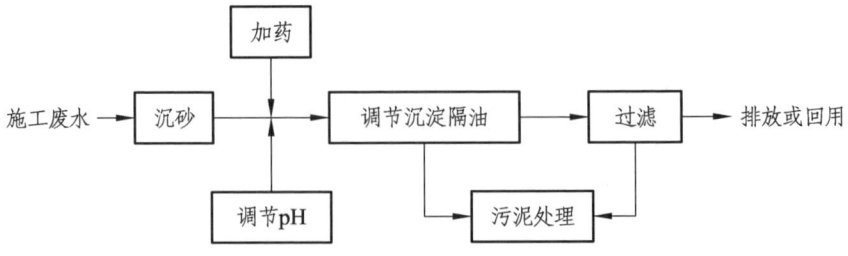

图2-4 优化后的隧道施工废水处理工艺流程[26]

（2）商合杭高速铁路新大力寺隧道施工废水处理[22]。

商合杭高速铁路新大力寺隧道为双线隧道，全长 3 354 m，隧道施工中产生大量废水。新大力寺隧道废水主要来源于隧道开挖过程中围岩渗水及钻孔用水、隧道内雾炮机降尘产生的废水、初期支护及二次衬砌保湿养护产生的废水、用于清洗隧道内及洞口道路产生的废水等。隧道施工废水含有机物较少，主要为砂砾、悬浮物及设备故障或维修产生的油污。新大力寺隧道废水产生量约 200 m³/d，悬浮物含量 300～2 000 mg/L。

在隧道洞口设置预沉池（隧道施工废水收集池），通过预沉处理，悬浮物可去除 50% 左右。废水经预沉处理后，由潜水泵抽至一级沉淀池。在一级沉淀池废水进口处，设置混凝剂自动投加装置，每 1000 m³ 废水投加 25 kg 混凝剂，悬浮物去除率可达 90%，如图 2-5 所示。经二级沉淀池后，悬浮物浓度为 30～200 mg/L；经三级沉淀池后，悬浮物浓度为 15～100 mg/L；经四级沉淀池后，悬浮物浓度为 7.5～50 mg/L；经五级沉淀池后，悬浮物浓度为 3.15～21 mg/L，如图 2-6 所示。各级沉淀池在池壁上方采用对角形式设置 U 形进出水口，加强悬浮物沉淀效果。

图 2-5　一级沉淀池（中国铁路总公司工程管理中心，2018）

图 2-6　二级至五级沉淀池（中国铁路总公司工程管理中心，2018）

预沉池及一级沉淀池沉淀量较大，每月采用机械设备清理沉渣一次。二级至五级沉淀池沉淀量较小，每 3 个月人工清理一次。沉渣统一运送至指定弃渣场处理。

隧道施工过程中定期对处理后的水质进行监测，2018 年 3 月 14 日监测结果如表 2-12 所示。

表 2-12　新大力寺隧道施工废水处理后水质监测结果

取样监测位置	pH	化学需氧量/(mg/L)	氨氮/(mg/L)	石油类/(mg/L)	悬浮物/(mg/L)
预沉池	8.02	36	9.25	4.35	894
一级沉淀池	7.62	32	9.04	2.08	182
二级沉淀池	7.60	31	8.63	2.04	87
三级沉淀池	7.59	31	8.37	1.97	43
四级沉淀池	7.54	30	8.35	2.00	24
五级沉淀池	7.52	30	8.21	1.95	18

监测结果表明，出水水质 pH 为 7~8、悬浮物含量小于 40 mg/L、石油类含量小于 8 mg/L、化学需氧量（COD）小于 50 mg/L、氨氮含量小于 7 mg/L，均达到一级排放标准，可确保隧道施工废水处理后达标排放至自然沟渠。

4. 高速铁路隧道施工废水清污分流

隧道施工废水的主要来源是施工期间受污染的地下水，包括施工掌子面涌水和隧道衬砌后的环向与纵向盲管所收集的地下水，其他施工作业流程如钻孔、爆破、喷射、注浆等工序所产生的废水量较少。掌子面附近的涌水原为清水，遇到岩粉、岩屑、水泥浆等后才变为废水，是施工废水的主要来源。衬砌段盲管所收集的水多为清水。若能在隧道内实现掌子面、初衬段的施工废水与二衬段的涌水（清水）的清污分质分流，不仅可降低隧道施工废水处理设施的规模和处理难度，还能大幅降低废水处理设施的建设成本和运行费用。采用"清污分流"设计后，可减少施工废水量约70%，如图2-7、图2-8所示。

中铁二院工程集团有限责任公司针对顺坡隧道及顺坡辅助坑道（横洞、平导）的构造特性，提出了以修筑临时排水沟或废水管的方式分别收集掌子面与初衬段的施工废水和二衬段清水的顺坡隧道施工废水清污分流方法，并在郑万高铁巫山隧道3号横洞施工中得到运用[27]。

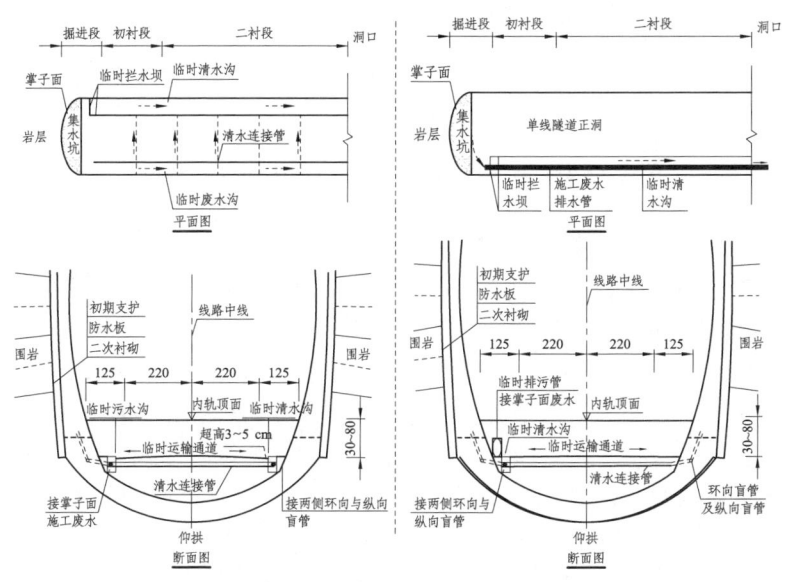

（a）两侧设清水沟和污水沟　　（b）单侧设清水及废水管

图2-7　单洞单线顺坡隧道清污分流方法（单位：cm）（李传松等，2018）

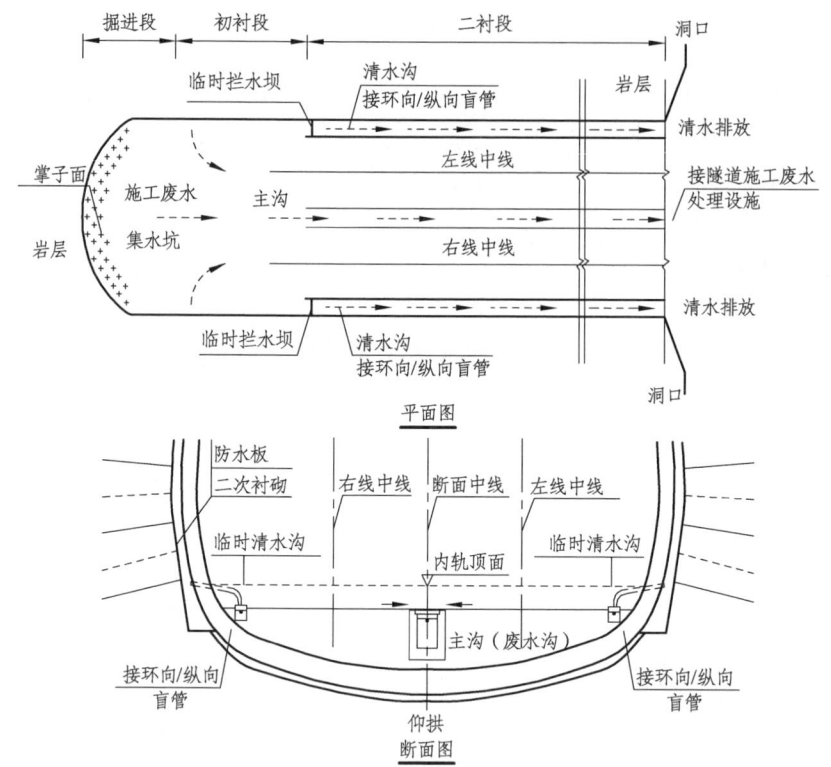

图 2-8 单洞双线顺坡隧道清污分流平面及断面示意（李传松等，2018）

郑万高铁巫山隧道 3 号横洞洞身采用 32‰ 顺坡施工，横洞按双车道无轨运输设计，净空尺寸为宽 7.5 m×高 6.2 m，洞身主要岩性为泥岩、泥灰岩和灰岩。2017 年 12 月 3 日出现最大涌水量 11 912 m³/d，出水流速达 3.5 m/s，携砂多，悬浮物（SS）含量高达 3 479~3 750 mg/L，水质差，超出了洞外废水处理设施的处理能力，加之清淤不及时，污水处理站内构筑物淤积严重不得不停止运营。横洞内涌水严重影响隧道的正常施工，涌水量远超废水处理站的设计能力，并对邻近村民的正常生活产生了不利影响。

巫山隧道 3 号横洞采用了单侧清水沟和废水管的方案，具体措施如下：

（1）在掌子面设矩形混凝土集水池，尺寸 2.0 m×1.5 m×1.5 m。设 1 根 DN400 铸铁排水管将掌子面污水从集水池引至洞外的沉砂池预沉后进入废水处理站；排水沟铺设在涵洞既有排水沟上方，并与管支架固定于横洞内壁。

（2）二衬段一侧的环向与纵向盲管的排水方式不变，流入既有单侧排水沟；另一侧盲管散排，使水自流排出洞外，经沉砂池后流入洞外污水处理设施。

（3）新建洞外清水排水渠道，将清水沟的排水引至邻近溪沟。

上述措施实施后，废水管出水流量为 240~300 m^3/h，SS 含量为 3 820~4 016 mg/L；排水沟的清水流量为 200~230 m^3/h，SS 含量为 30~50 mg/L。可能是因为洞内道路泥浆水散排混入清水沟，导致清水内有一定的悬浮物，但 SS 含量仍可达到《污水综合排放标准》（GB 8978—1996）中的一级排放标准（SS 含量≤70 mg/L）。

当受纳水体为Ⅲ类及以下水体时，以"混凝+沉淀+过滤"为核心的处理工艺可满足排放标准。当受纳水体为Ⅱ类及以上水体时，需增设吸附深度处理工艺，将隧道施工废水处理达到对应的水体水质标准，进而不应再将其视作污水，可排入毗邻的Ⅱ类水体。

5. 高速铁路盾构隧道施工泥浆处理

近年来，高速铁路城区段隧道多采用盾构法施工，施工过程中使用大量泥水、产生大量废弃泥浆，若不妥善处理，将对城市水环境造成不良影响。

望京隧道全长 8 km，是京沈高铁全线唯一一处采用双洞单线盾构技术施工的隧道，同时也是国内首条高铁线路穿越城区采用大直径盾构工艺的隧道。盾构采用 4 台直径 10.9 m 拥有完全自主知识产权的泥水盾构机，在作业施工过程中采用泥水处理循环利用"零排放"工艺，建成了首批国内大直径泥水盾构"零污染、零渗漏、零排放"泥水处理工厂，有效解决了细颗粒地层中的泥水固液分离问题。该泥水处理厂不仅可以分离头发丝粗细的细颗粒，同时还打破了传统泥水固液分离处理只能随掘进运转的模式，实现了 24 h 独立运转，极大提高了泥水处理能力，对周边环境不造成污染，同时也能大量节省沉淀池的建设空间，实现盾构施工过程泥浆不落地全循环运转零排放的目标。盾构机掘进过程中产生的土砂与泥浆混合后由排浆泵输送上来至地面的泥水分离站，随后进行泥沙的再分离，分离后的清水进入到泥浆池调整，通过送泥泵将泥水送到盾构机储存泥水的气垫仓里循环使用。

京张高铁清华园盾构隧道、京沈高铁望京盾构隧道，大断面、长距离盾构隧道产生的海量渣土和废弃泥浆，按照单机单日掘进 20 m 计算，一天就产生 2 600 m³ 弃渣和 4 000 m³ 废弃泥浆，而工地周围有清华大学和北京大学等 6 所高等院校，场地有限，对外运输困难。排出的泥浆经过旋流器、压滤机、离心机等进行处理，引入泥水分离机，一方面把泥分离出来，生产泥饼和干渣土；另一方面把泥水中的水过滤出来，重复利用，确保了泥浆的及时处置。在长期的泥水分离试验中，人们总结出一套由筛分、旋流、压滤、离心并辅助加入专用剂的方法，实现了泥水盾构固液分离，处理后的清水可进行再利用，分离出的渣土变废为宝。最高日处理废浆 5 000 m³，整条隧道处理废浆 130 万 m³。

在京张高铁清华园隧道盾构施工中，使用后的泥浆和渣土混合体首先进入泥水分离系统，经过粗筛、一级旋流和二级旋流后，基本实现渣土和泥水分离。泥水分离系统（图 2-9）由调浆系统、泥水

图 2-9　ZX-2500 型泥水分离系统（赵海涛，2020）

分离系统、沉淀处理系统、压滤处理系统、再循环系统组成[28]。处理后合格的泥浆通过制、调浆系统的补充和调整进行再利用；处理后不合格的弃浆则通过压滤设备、离心设备和化学药品进行环保处理。

二、高速铁路桥梁施工废水及其控制

桥梁在高速铁路线路中所占比例较高，在桥梁钻孔施工中，广泛使用泥浆护壁，泥浆已成为高速铁路桥梁桩基施工中必不可少的辅助材料，施工中产生的大量废弃泥浆水若直接排放或直接填埋将严重污染土水环境。

1. 泥浆和废弃泥浆的成分

高速铁路桥梁桩基大多采用钻孔灌注桩，为防止孔壁坍塌，并把钻渣携带到地面，必然用到大量的工程泥浆，一般为成孔体积的3~5倍。施工结束后将产生大量对环境有害的废弃泥浆，若处置不当，将会对环境造成污染。

高速铁路桥梁桩基施工采用的泥浆为水基泥浆，主要由水和膨润土（黏土）按一定比例混合而成。为了使泥浆的性能适合不同地层性质及施工条件，通常需在泥浆中加入适当的外加剂（泥浆调节剂），如增黏剂（一般均使用羧甲基纤维素，简称 CMC）、分散剂（一般使用碳酸钠 Na_2CO_3）、加重剂（常用重晶石 $BaSO_4$）和防漏剂（常用珍珠岩）等。桩基施工废弃泥浆为碱性，主要含悬浮物（SS）、多种金属离子和非金属离子如 Cd^{2+}、Pb^{2+}、Zn^{2+}、Hg^+、Ni^{2+}、K^+、Ba^{2+}、Mg^{2+}、Ca^{2+}、Na^+、CO_3^{2-}、SO_4^{2-}、Cl^- 等，以及石油类污染物。

2. 废弃泥浆排放的环境影响

废弃泥浆若直接排放会堵塞河道或市政管道，污染地表水和土壤，影响农作物生长。

2009 年 3 月，南京市黑墨营路附近的沪宁城际铁路施工工地 3 个泥浆池偷排废弃泥浆，造成南京城北污水处理厂进厂水 SS 值超标 10 多倍、无机盐超标，导致净化污水的细菌大量死亡，处理效果大打折扣，出现了排放超标现象。此外，泥浆水进入市政管网后危害更大，不仅会造成管网淤塞，而且板结后无法疏通，甚至导致市政管网因淤塞而废弃。

废弃泥浆中含有较多的重金属离子，其中的 Cd^{2+}、Pb^{2+}、Ni^{2+}、Zn^{2+}、Hg^+ 等具有较强的生物毒性，将影响土壤微生物的活性，引起土壤板结。当废弃泥浆长期大量排入耕地时，将会对土壤产生严重污染，破坏土壤结构，降低土壤肥力。重金属离子对土壤的污染是一个长期缓慢的过程，且重金属易在农作物中富集，并通过食物链影响人体健康。废弃泥浆中可溶盐离子如 K^+ 置换性特别强，能将形成土壤团粒结构的多价阳离子置换出来，而一价的钾离子不具有键桥作用，因此将破坏土壤的团粒结构，致使土壤板结。2008 年，江苏省常州市境内某在建高速铁路桥梁桩基施工废弃泥浆未经处理大量排入附近水稻田后造成了大面积水稻黑穗（图 2-10）。

图 2-10　废弃泥浆对水稻的影响

此外，废弃泥浆中的石油类污染物进入土壤后，会破坏土壤结构，使土壤的透水性降低，影响土壤微生物活性。同时，石油烃类污染物的反应基与无机氮、磷结合并限制硝化作用和脱磷酸作用，从而使土壤有效磷、氮的含量减少，降低土壤肥力。

3. 桥梁桩基施工废弃泥浆的污染控制措施

涉水桥墩施工尽量在枯水期进行，优化涉水桥墩施工工艺，采用对水环境影响相对较小的钢围堰施工工艺。涉及 II 类水体的桥墩施工，采用钢板桩围堰或套箱垂直防护开挖等施工辅助措施，避免对外部水体的扰动，并在涉水桥墩上、下游设水质监测断面，对施工期水质进行跟踪监测。跨越水源保护区路段采用吊篮施工，避免物料遗撒。水源保护区范围内不设置施工临时场地、施工营地等，应制订针对饮用水水源保护区的环境风险防范措施与应急预案。桥梁钻孔桩施工产生的泥浆干化处理后外运，严禁向水体排放。

桥梁钻孔泥浆采用天然泥浆，设置桥梁钻孔灌注桩泥浆循环系统，采用移动式泥浆箱，废弃泥浆运至保护区外处置。

（1）采用环保泥浆。

在桥梁桩基施工过程中，应尽量采用新型环保泥浆，从源头上降低废弃泥浆对环境的污染，目前常用的环保泥浆主要是 SM（Super Mud）泥浆。SM 泥浆由美国 PDS 公司开发，是在桥梁桩基施工过程中代替膨润土的新型造浆材料，是一种由高分子聚合物所组成的高浓缩性乳液稳定液，可多次循环使用，环保性好，无毒无污染。在废弃的 SM 泥浆中加入漂白粉（次氯酸钠），使其分解，24 h 即完全变成中性，可以直接排入下水道或沟渠，且不会污染环境。

（2）泥浆池的防渗处理。

为防止施工过程中泥浆池渗漏污染土壤和地下水，应做好泥浆池的防渗措施（图 2-11、图 2-12）。

图 2-11 京沪高铁某桥梁施工场地的泥浆池防渗措施

图 2-12 京沪高铁阳澄湖特大桥围堰施工场地的泥浆池防渗措施

（3）将废弃泥浆转运至指定地点处理。

若无现场处理条件，可根据当地有关部门的规定，将废弃泥浆转运至指定地点（如填埋场等）处理。陆地施工场地的废弃泥浆一般采用泥浆罐车转运（图 2-13、图 2-14），涉水施工场地的废弃泥浆一般采用泥浆箱暂时储存，然后由专用的泥浆运输船进行转运（图 2-15、图 2-16）。

（4）泥浆使用过程中的净化循环利用。

在泥浆使用过程中，采用泥浆净化设备有利于泥浆的循环利用，可减少泥浆使用量及废弃泥浆的产生量。中国铁道科学研究院研制的 TKY-N 型铁路桥梁钻孔灌注桩施工泥浆处理设备（图 2-17），采用振动筛加水力旋流除泥器的工艺，可连续处理钻孔中的泥浆，同时分离出的泥浆还可以直接进入桩基钻孔内循环利用。

（5）废弃泥浆的现场处理。

对废弃泥浆，在现场可利用泥浆池进行处理。中国铁道科学研究院在京沪高铁桥梁施工中提出了"混凝沉淀固液分离+上清液排放+回填"的废弃泥浆现场处理工艺，处理后的上清液 COD 和 SS 指标均符合《污水综合排放标准》（GB 8978—1996）中的二级排放标准。该工艺采用自动加药装置在泥浆池投加絮凝剂（一般采用高分子聚丙烯酰胺，尤其是阴离子型聚丙烯酰胺），然后用泥

图 2-13　京沪高铁某桥梁施工场地的泥浆转运

图 2-14　京沪高铁阳澄湖特大桥围堰内的泥浆转运

图 2-15　京沪高铁某涉水施工场地的废弃泥浆箱

图 2-16　京沪高铁某涉水施工场地的泥浆运输船

图 2-17　TKY-N 型泥浆处理设备

浆泵搅拌直至生成絮团,静置沉淀一段时间后,上清液达标排放,底泥就地直接或脱水后覆土填埋。该废弃泥浆处理系统主要部件有:加药系统、泥浆循环泵系统、清水泵系统、浮筒系统和控制箱。图 2-18～图 2-21 为该系统在京沪高铁土建 6 标段的使用情况[29]。

图 2-18　废弃泥浆处理装置（胡承雄，马华滨，2009）

图 2-19　排放沉淀后的清水（胡承雄，马华滨，2009）

图 2-20　排水完毕后泥浆沉淀池底部（胡承雄，马华滨，2009）

图 2-21 泥浆沉淀池填埋完毕（胡承雄，马华滨，2009）

在桥梁桩基施工中应尽量采用环保泥浆，从施工工艺方面减少泥浆使用量，利用泥浆循环系统提高泥浆利用率以减少废弃泥浆的总量；同时开发更环保、更高效的废弃泥浆处置途径，将废弃泥浆对环境的污染程度降到最低。

三、高速铁路工程施工期其他生产废水处理

制梁场、制板场的车辆冲洗污水、砂石料清洗污水和桥隧施工高浊度污水，如直接排放则有可能造成附近沟渠淤塞。车辆冲洗废水具有悬浮物含量高、水量小、间歇集中并含有少量石油类物质等特点；混凝土拌和站排放的废水具有悬浮物浓度高、水量小、间歇排放等特点。混凝土转筒和料罐每次冲洗产生的废水量约为 $0.5\ m^3$，悬浮物浓度约 5 000 mg/L。

施工车辆集中冲洗污水、桥梁工场砂石料清洗污水宜经沉淀处理后循环使用。应在桥梁两岸设置沉淀池对施工污水进行处理（图 2-22～图 2-27），经沉淀池处理后的排水可满足农灌水质要求。

图 2-22　某制梁场三级隔油沉淀池

图 2-23　浦东制板场污水三级沉淀池

图 2-24　拌和站车辆冲洗废水沉淀池

图 2-25 梁场砂石料冲洗废水三级沉淀池

图 2-26 梁场洗车废水三级沉淀池污水回用装置

图 2-27 拌和站污水沉淀后重复利用

四、高速铁路工程施工期生活污水处理

施工人员生活区将产生生活污水,主要为粪便污水(黑水)和其他生活用水(灰水,包括洗浴、厨房、盥洗污水)。根据对铁路工程施工污水排放情况的调查,施工期一般每个区间或站点有施工人员 500 人左右,每人每天按 $0.1 \sim 0.2 \ m^3$ 排水量计,每个区间或站点施工人员生活污水排放量为 $50 \sim 100 \ m^3/d$。生活污水中主要污染物为 COD、动植物油、SS 等,其中污染物浓度 COD 为 $150 \sim 200 \ mg/L$、动植物油为 $5 \sim 10 \ mg/L$、SS 为 $50 \sim 80 \ mg/L$。一般来说,施工营地生活污水对沿线水环境的影响较小,工地、生活区粪便污水应设置化粪池,处理后达标排放(图 2-28、图 2-29)。

图 2-28 浦东板场生活区生活污水曝气

图 2-29 梁场生活污水经沉淀后回收利用

五、高速铁路隧道工程施工期对地下水环境的影响及防治

隧道是山区高速铁路的主要线路形式,隧道工程的施工会对隧址区地下水的水量、水质产生影响,从而引起隧址区地下水环境的变化,进而影响隧址区生态环境及居民生产、生活。

1. 隧道施工对地下水水量的影响及防治

在施工过程中,隧道的开挖引起隧址区地下水渗流场发生变化,形成集水廊道,地下水涌入隧道,导致大量地下水资源流失,打破隧址区地下水系统的平衡,从而对隧址区地下水环境造成影响。襄渝铁路中梁山隧道、京广铁路大瑶山隧道、龙厦铁路象山隧道等铁路隧道施工期都曾经发生过大规模的隧道涌水,并造成隧道顶部井泉、溪流等地表水体水量减少,甚至干涸,影响自然生态环境及居民生产、生活。

为防止隧道施工引起地下水资源的大量流失,对环境产生过大的危害,应加强隧道施工排水的源头控制,做好超前地质预报,对地下水发育地段采取"以堵为主、限量排放"的措施,避免过量疏干地下水。此外,还应按照《地下工程防水技术规范》(GB 50108—2008)的要求,做好结构的防水设计,处理好施工缝、变形缝的防水;对围岩实施超前帷幕注浆或径向注浆,控制地下水流量,减少地下水流失。

2. 隧道施工对地下水水质的影响及防治

钻爆法是高速铁路山区隧道的主要施工方法,炸药爆炸时产生高温高压,形成 NO_3^-,而 NO_3^- 极易溶于水,从而使隧道内地下水中 NO_3^- 含量显著增高。

为减少隧道涌水,目前隧道排水提倡"以堵为主,限量排放",普遍采用注浆法堵水。堵水使用的注浆材料可分为两大类:非化学浆液(水泥、砂浆、黏土等)和化学浆液(水玻璃、高分子材料)。水泥、砂浆等惰性注浆材料不会污染地下水,水玻璃是无毒物质,

也不会造成地下水污染。但高分子材料等化学灌浆材料多具有一定的生态毒性，可能随地下水的循环进入生态系统，污染土壤、水，影响植物生长，并通过食物链危害动物及人类的健康。瑞典 Hallandsås 铁路隧道、挪威 Romeriksporten 高速铁路隧道都曾发生高分子注浆引发环境公害的案件[30-33]。

瑞典 Hallandsås 隧道经过地区地下水丰富且水位较浅，采用钻爆法开挖，隧道大量涌水造成附近居民的饮用水井干枯。为解决涌水问题，1997 年 7—8 月，施工方将 1 400 t 灌浆材料（Rhoca-Gil）注入隧道围岩裂隙中堵水。Rhoca-Gil 含有有毒物质丙烯酰胺，能影响神经系统、致癌，并有诱变性能。10 月初发现丙烯酰胺已经渗入地下水井并污染了一条流经牧区的河流，约 20 名施工人员出现不同程度的神经官能障碍，数头奶牛严重瘫痪，溪流中出现死鱼。监测发现隧道周围地区丙烯酰胺严重超标，农作物中的含量也很高，政府立即宣布 Hallandsås 为危险区，该区农产品如蔬菜、奶、肉都禁止出售。分析了 310 口井的水质后发现，有 29 口井含有丙烯酰胺、75 个家庭中的 196 口人被医疗检查、370 头牲畜被屠宰、9 家奶场被禁止售奶、330 000 L 奶被处理掉。这一灾难在 1997 年 10 月初被公之于众后，举国震惊，当地居民约 5 000 人走到隧道北口进行抗议活动（全市人口 14 200 人）。此后，隧道停工 4 年多，以清除地下水中的丙烯酰胺污染。直至 2001 年，瑞典政府才决定重启隧道施工，并采用了 TBM 隧道掘进机施工。据统计，这场环境灾难导致数十亿瑞典克朗的经济损失，一项重要铁路干线扩能工程被迟迟延误，同时还引发了社会矛盾与冲突。

高速铁路隧道工程施工期地下水保护措施：

（1）在隧道开挖和隧道掘进中保证施工机械的清洁，并严格文明、规范施工，避免油脂、油污等跑冒滴漏，进而污染地下水。

（2）做好施工、建筑、装修材料的存放、使用管理，避免受到雨水的冲刷而进入地下水环境。施工期产生的生活垃圾应集中管理，统一处置，以免废液渗入地下污染水质。

（3）施工期间应设集水、排水设施。将隧道内施工生产废水收集至隧道外的污水处理设施，经隔油、沉砂、沉淀处理达标后排放，确保不污染地下水质。

（4）堵水注浆材料应选用对环境无害的环保材料。

此外，在隧道施工过程中，应建立地下水监测系统，根据隧址区地下水水位、水质的监测结果，及时调整施工方法及堵水措施，确保隧址区生态环境的安全。

第四节　高速铁路工程施工期大气污染及其控制

在铁路工程施工过程中，施工机械产生的烟尘，爆破作业产生的炮烟，土石方施工及运输车辆产生的扬尘，以及各个施工营地配备的临时性小型锅炉烧水、做饭时排放的烟气，都将对大气环境产生影响。

一、高速铁路工程施工期大气污染源

施工期大气污染来源主要有：施工过程中的开挖、回填、拆迁及砂石灰料装卸过程中产生的粉尘，车辆运输过程中引起的二次扬尘；以燃油为动力的施工机械和运输车辆的增加导致废气排放量的相应增加。

施工期对大气环境影响最主要的污染物是扬尘，施工扬尘主要产生于土石方施工场地和运输车辆所经道路（图 2-30、图 2-31）。当道路持续干燥、路况较差且车辆通过时，行车道两侧扬尘的 TSP（总悬浮颗粒物）浓度短期内可达 $8 \sim 10 \text{ mg/m}^3$，大大超过环境空气质量标准，但扬尘浓度随距离的增加降低较快，下风向 200 m 外已无影响（图 2-32）。

施工现场所用的大中型设备主要以柴油、汽油为动力来源，施工机械将排放 NO_2、SO_2、烟尘等空气污染物，因排放量小对环境空气影响很小。施工人员进驻施工现场后，施工营地食堂一般使用煤作燃料，燃烧时产生烟尘、NO_2、SO_2 等空气污染物，由于排放量少，对环境空气影响也很小。

图 2-30　京沪高铁某拌和站粉尘

图 2-31　京沪高铁某路基施工现场扬尘

图 2-32　京沪高铁某施工现场扬尘监测采样（中国铁道科学研究院）

钻爆法是目前高速铁路隧道施工、岩质路堑开挖的主要方法（图 2-33）。在隧道爆破施工、岩质路堑开挖爆破施工过程中都会产生炮烟，其主要成分有 CO、CO_2、H_2、NO、HCN、CH_4、NH_3、SO_2、NO_2、H_2S 等。根据实验报告，通常 1 000 g 工业炸药爆炸后，生成炮烟气体约 350～1 000 L，其中有毒有害气体约 60～150 L。炮烟危害人体健康，因炮烟而引发职工中毒伤亡的事件时有发生，地下爆破时更为严重。在炸药爆炸生成的炮烟中，有毒气体的主要成分为一氧化碳和氮氧化物，以及雷汞爆炸后的产物 HCN。如果炸药中含有硫或硫化物，爆炸过程中还会生成硫化氢和二氧化硫等有毒气体。这些气体的危害性极大，当人体吸入一定量的有毒气体后，轻则引起头痛、心悸、呕吐、四肢无力、昏厥，重则使人产生痉挛、呼吸停顿，甚至死亡。长距离单孔掘进工作面爆破后，炮烟长时间浮游在巷道中，易使人慢性中毒。

图 2-33　汕汕高铁汕头湾海底隧道进口爆破现场（汕头发布，20200804）

二、高速铁路工程施工期大气污染控制

施工扬尘污染的防治应符合《防治城市扬尘污染技术规范》（HJ/T 393—2007）和《环境空气细颗粒物污染综合防治技术政策》（环境保护部公告 2013 年第 59 号）的规定，采用压燃式发动机的施工机械，其尾气排放应符合国家或地方有关施工机械尾气排放标准的规定。选用排放达标的施工机械，优先采用清洁运输方式，具备条件的，采用新能源施工机械和运输车辆。

1. 扬尘控制措施

施工期扬尘控制，在城市区域施工必须采取作业场所围挡、物料堆场遮盖，禁止施工现场搅拌砂浆和混凝土。拌和站、砂石料场加工区等采取密闭设计或强化抑尘措施，拌和站水泥等散体材料料仓应密封良好，配料仓、上料皮带系统、搅拌机可采用密闭设计（图 2-34、图 2-35）。

图 2-34　京沪高铁某拌和站上料皮带系统采用密闭设计

图 2-35　渝昆高铁川渝段站前一标 2 号拌和站密闭设计
（新华社记者　唐奕　摄，20210413）

优先采用清洁运输方式，采取密闭运输、苫盖、洒水抑尘、车辆及路面清洗等措施，强化施工期扬尘污染防治。施工区域、施工便道应做好洒水、清扫等降尘措施，对借用的城市道路，安排专人及时清扫道路遗撒物（图 2-36~图 2-42）。

图 2-36 京沪高铁某动车所路基施工洒水降尘

图 2-37 京沪高铁某拌和站洒水降尘

图 2-38 京沪高铁某制梁场洒水降尘

图 2-39　京沪高铁某桥梁、路堑段施工便道洒水降尘

图 2-40　京沪高铁混凝土罐车冲洗

图 2-41 京沪高铁某工地清扫借用的城市道路遗撒物

图 2-42 京沪高铁某梁场垃圾车清扫场地

施工弃渣运输时必须覆盖,选择居民较少的运输路线,物料运输车辆密闭式运输,且运输车辆应定期清洗(图 2-43)。

图 2-43 京沪高铁某桥梁地段运渣车帆布覆盖

当大面积开挖原始地面时,应及时覆盖施工开挖面等工程创面,避免产生地面扬尘(图2-44)。

图 2-44　渝昆高铁中梁山隧道进口施工现场(无人机照片)
(新华社记者　唐奕　摄,20210413)

2. 隧道降尘及炮烟控制措施

施工期设置隧道喷雾降尘系统可有效减少隧道内的扬尘。中铁四局集团宝兰客专兰州铁路枢纽工程3标项目部采用的喷雾降尘系统的主要设置方案是:在隧道顶部设置水管,每隔 20 m 设置雾化喷头,在隧道开挖、出渣等施工中,扬尘污染严重时,可打开雾化喷头将水雾化,以降低空气中的扬尘。由于爆破产生的某些有毒气体易溶于水,因此在爆破时采用自动喷雾设施进行喷雾,既能起到降尘作用,又能有效地减少有毒气体含量,使炮烟毒性降低。

高铁隧道施工期普遍采用机械通风方式将隧道内的粉尘排出洞外,从而降低洞内粉尘含量。但在风景名胜区,排出洞外的粉尘将对景区空气造成污染。京张高铁新八达岭隧道采用了大功率的除尘净化设备 XA3000(图2-45),该设备利用除尘滤芯可使 PM0.5 以上粉尘的去除率达到 90%,处理后的空气清洁度可达 0.1 mg/m^3,不仅大幅度降低了隧道内粉尘含量,还减少了隧道施工排放到景区的粉尘量[21]。

图 2-45　京张高铁新八达岭隧道采用的大功率除尘净化设备 XA3000
（刘建友，2021）

3. 水压爆破技术

近年来，具有明显环保优势的水压爆破技术在高速铁路隧道施工中得到了成功应用。与传统爆破的区别在于，水压爆破技术对装药结构进行了调整，向炮眼中注入一定量的水，并用炮泥回填堵塞（图 2-46）。其原理就是利用水的不可压缩性，充分释放炸药的能量，使岩体受力均匀，减少炸药的使用量。水压爆破技术对装药结构进行调整，将炮眼无回填堵塞改为用水袋与炮泥回填堵塞，由于水的不可压缩性，爆炸能量可以毫无损失地传递到围岩中；爆炸中水产生的水楔效应，进一步破碎围岩；水还可以起到雾化降尘作用。

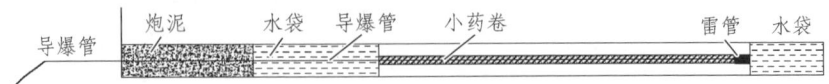

图 2-46　炮眼填塞炮泥水袋装药结构示意

先把水灌入塑料袋中密封，然后把水袋填入炮眼底部和中部。从炮眼底到炮眼口依次装填水袋、炸药、水袋和炮泥，它们之间的连接必须紧密。塑料袋为常用的聚乙烯塑料，袋厚为 0.8 mm 左右，隧道爆破炮眼一般为水平眼，为便于装填，水袋以长 200~300 mm、直径 35~40 mm 为宜。

温福客专青岙隧道全长 6 852 m，采用水压爆破工法，隧道中空气的粉尘浓度降低了 35.6%~50.9%，平均下降 44.8%，见表 2-13。采用水压爆破法明显改善了爆破后的工作环境，降低了粉尘，减小了噪声，降低了对周边居民的影响，而且进尺比常规爆破平均多 20 cm，降低了成本，提高了光面爆破的效果。

表 2-13 温福客专青岙隧道施工粉尘监测

常规爆破空气中粉尘含量/(mg/m³)	水压爆破空气中粉尘含量/(mg/m³)	粉尘浓度降低量/(mg/m³)	粉尘浓度降低比例/%
15.6	8.3	7.3	46.8
16.7	8.2	8.5	50.9
14.6	9.4	5.2	35.6
15.9	8.9	7.0	44.0
17.1	9.1	8.0	46.8

资料来源：中铁二十四局集团福建铁路建设有限公司。

宝兰客专笔架山隧道和小墕坪隧道采用水压爆破技术，降低成本近 400 万元，节约炸药近 300 t，使粉尘浓度下降约 67%，环保、经济优势明显。水压爆破后的破碎岩石均匀，可加快清渣进度，缩短装渣时间；爆破后，隧道内没有烟雾和氨味，工人可以直接施工，节省了近半个小时的通风时间。水压爆破后，高温高压下被雾化的水充分吸收了有毒、有害气体及粉尘，由于粉尘浓度下降了约 67%，洞内的空气质量得到了极大的改善，保护了施工环境和作业人员健康。

宝兰客专古城岭隧道和兰山隧道，西成客专四川段金家岩隧道，沪昆客专贵州段捧古隧道和大茶山隧道应用水压爆破技术后，隧道粉尘浓度也明显降低；同时隧道掌子面通风排烟时间大幅缩短，大大减少了通风机工作时间，节省了耗电量。

利用水压爆破的雾化降尘作用，隧道粉尘浓度明显降低，既减少了粉尘对施工人员的身体健康影响，又降低了施工烟尘对周围居民生活环境的影响。同时，水压爆破所产生的噪声和振动比常规爆破小，对周围居民的影响较小。

此外，进入隧道的机械，优先选择电力机械。洞内使用柴油机械应加设废气净化装置或掺入柴油净化添加剂，并加强通风。

4．焊接烟尘

焊接钢筋作业过程中产生一定量的焊接烟尘（图2-47）。焊接烟尘主要来自焊条的药皮，少量来自焊芯及被焊工件。焊接烟尘的产生量与焊条的种类有关。焊接烟尘中的主要有害物质为 Fe_2O_3、SiO_2、MnO、HF等，其中：含量最多的是 Fe_2O_3，一般占烟尘总量的35.56%；其次是 SiO_2，含量占10%~20%；MnO占5%~20%。焊接烟气中有毒有害气体的成分主要为 CO、CO_2、O_3、NO_x、CH_4 等，其中以CO所占的比例最大。由于有毒有害气体产生量不大，且气体成分复杂，故较难定量化。焊接烟尘已被世界卫生组织国际癌症研究机构列入1类致癌物清单。

图2-47 福厦铁路福社隧道建设工地钢筋焊接，焊接作业设置移动式焊接烟气净化器（新华社发 阮士凡 摄，20200221）

5. 电动机械、新能源应用

施工机械优先采用电力驱动，施工营地采用太阳能、氢能等新能源（图 2-50）。为减少施工对大气质量的影响，英国在建的 HS2 高速铁路大量应用了电动施工设备、太阳能和氢能[34]。该铁路建设除 Bauer 纯电动钻机（图 2-48）、电动叉车外，还采用了 160t 全电动履带吊这样的重型施工设备（图 2-49）。自 2021 年 8 月开始，在维多利亚路站用氢燃料电池发电机取代原本的柴油发电机，不仅减少了废气排放（每小时减排 0.127 5 t CO_2），还大大降低了噪声，有效改善了工人的工作环境和当地社区的空气质量。尤斯顿车站工地的所有车辆使用了 GreenD+氢化植物油（HVO）的混合物以代替柴油，从而减少了二氧化碳的排放。

图 2-48　Bauer 纯电动钻机（HS2，2021）

图 2-49　英国 HS2 高速铁路施工采用的 160 t 全电动履带吊（HS2，2021）

图 2-50　为施工营地提供电能和热水的太阳能仓（HS2，2022）

此外，施工营地食堂应安装油烟净化装置，油烟的最高允许排放浓度和油烟净化设备的最低去除率应满足《饮食业油烟排放标准》（GB 18483—2001）的要求。

第五节　高速铁路工程施工期固体废弃物及其控制

施工期固体废弃物主要来源于施工单位营地产生的生活垃圾和工地施工产生的建筑垃圾。施工营地产生的生活垃圾由专人收集后送至环卫部门统一集中处理（图 2-51、图 2-52），弃土、弃渣应运至设计的弃土（渣）场处置。

图 2-51　京沪高铁某板场生活垃圾收集设施

图 2-52　京沪高铁某拌和站垃圾收集设施

施工结束后，对施工营地撤离产生的建筑垃圾彻底清理，并运至当地管理部门指定的弃渣场或其他指定场所进行处置。

第六节　高速铁路工程施工期光污染及其控制

1. 光污染的定义

根据联合国《保护野生动物迁徙物种公约》（CMS）第 13.05 号决议，光污染是指改变生态系统中自然光暗模式的人造光。我国

《室外照明干扰光限制规范》（GB/T 35626—2017）定义光污染为人工光各种有害影响综合的通称[35]。在《城市夜景照明设计规范》（JGJ/T 163—2008）中，光污染指干扰光或过量的光辐射（含可见光、紫外和红外光辐射）对人、生态环境和天文观测等造成的负面影响的总称[36]。根据《建筑工程绿色环保施工管理规范》（DB65/T 4060—2017），施工光污染是指建筑现场施工和建筑材料形成的反光中产生过量的或不适当的光辐射对生活和生产环境造成不良影响的一种环境污染[37]。

2．光污染的影响

（1）光污染对人的影响。

光污染对人体的四大危害：损害视力、影响睡眠、导致儿童性早熟、让人变得抑郁。人类长期在光污染影响下会导致视力下降、引发眼疾；扰乱人体正常的生物钟，导致白天工作效率低下；光源让人眼花缭乱，干扰大脑中枢神经。光污染不仅有损人的生理功能，还会影响心理健康。光污染会导致头昏心烦、情绪低落、身体乏力等类似神经衰弱的症状。

（2）光污染对动植物的影响。

长时间持续光污染相当于延长了动物栖息环境的白天，缩短了夜晚，被改变的昼夜节律与夜行性动物的生物钟不匹配，从而干扰动物的正常行为和生理节律。如夜行性动物的夜晚活动开始时间和结束时间会受到影响，从而影响它们的采食、繁殖、社会交往、捕食与反捕食等。再者，夜晚的灯光会对夜行性动物造成生理胁迫，让动物感觉紧张。如此长期的紧张会影响动物激素的分泌和正常的生理代谢活动，严重时甚至会造成免疫系统等健康方面的问题。

已有研究显示，夜间人造光还可能影响湿地生态环境，干扰湿地内青蛙、蟾蜍等两栖动物的夜间繁殖行为，进而减少其种群数量。夜间人造光还会严重影响具有趋光性的昆虫等夜行性动物，比如造成直接死亡，导致被捕食概率增加，干扰发育、繁殖或迁飞等。

光污染对包括许多候鸟在内的野生动物构成日益严重的威胁。

联合国《保护野生动物迁徙物种公约》（CMS）秘书处的研究发现，光污染每年会导致数百万只鸟类死亡。光污染改变了生态系统中光和暗的自然模式，从而影响和改变鸟类的行为，包括迁徙模式、觅食行为和发声交流，从而迷失方向；同时还会影响它们的活动水平和能量消耗。会迁徙的候鸟特别容易受到光污染的影响，尤其是那些在夜间迁徙的鸟类；以及当云层较低、有雾或下雨时在较低高度上飞行的鸟类，光污染会吸引和干扰它们，使它们在照明充足的区域盘旋。人造光的诱导可能意味着它们最终会耗尽能量储备，面临疲惫、被捕食和致命碰撞的风险。

光污染对昆虫也有一定的影响。强光破坏夜间活动昆虫的正常繁殖，影响飞蛾等夜行昆虫辨别方向的能力等。

此外，光污染还会破坏植物体内的生物钟，导致茎叶变色，影响其生长，甚至使其枯死；影响植物花芽的形成、植物的休眠和冬芽的形成。

3．高速铁路施工期光污染控制

光污染是继废气、废水、废渣和噪声等污染之后的一种新的环境污染源。高速铁路施工光污染主要来源于夜间施工大型照明灯具、电焊作业和火焰切割等易产生光污染的施工作业。

易产生光污染的作业应科学、集中安排，减少光污染作业频次、作业时间；应根据现场和周边环境采取限时施工、遮光和全封闭等避免或减少施工过程中光污染的措施。施工场地照明采用节能灯具。

夜间邻近居民区及野生动物自然保护区施工，施工单位应采取避免或减少施工过程中光污染的措施。照明设施产生的光线应控制在被照区域内，溢散光（照明装置发出的光线中照射到被照目标范围外的那部分光线）不应大于15%[38]。夜间室外照明灯具应安装遮光罩、聚光罩等光污染防护设备，防止强光线外泄。合理调整夜间施工光照方向，集中在施工范围内，在保证现场施工作业面有足够光照的条件下，减少对周围人员的光干扰，避免影响周围住宅居民正常生活。

焊接作业应从焊接材料、焊接机械、焊接工艺等方面考虑，选择环保焊条，减少光污染。除特殊作业外，涉及敏感区的施工场地可搬运材料的焊接及气割作业宜在室内进行；夜间室外焊接作业采取遮光措施，如设置遮光棚，防止电焊弧光外射对工地周围区域造成影响。遮光棚采用可拆卸周转使用的钢管扣件、防火帆布搭设；工作面设置挡光彩条布或者密目网遮挡，防止夜间施工灯光溢出施工场地范围以外，对周围居民造成影响，同时尽量避免在夜间进行电焊作业等。工作场所距居民区较近时，夜间严禁室外焊接和火焰切割作业。

高速铁路施工期一般为3~5年，施工引起的环境污染随着施工活动的完成而结束。施工期采用绿色施工技术（包括绿色施工机械、绿色施工工艺工法等）可有效控制施工期的环境污染。

第三章　高速铁路运营期噪声

运营期高速铁路噪声污染源包括动车组运行产生的流动噪声源和车站、动车段（所）等固定噪声源。由于高速铁路动车组列车运行辐射噪声声级较高，对沿线居民区、学校等声环境敏感点（区）的影响较大。

第一节　我国高速铁路噪声预测方法

铁路噪声预测方法的选择应根据工程和噪声源的特点确定。预测方法可采用模式预测法、比例预测法、类比预测法、模型试验预测法等[39]。

模式预测法主要依据声学理论计算方法和经验公式预测噪声。采用此方法预测铁路噪声时，需要确定和输入必要的参数和数据，主要有铁路噪声源的源强以及在声传播过程中各种因素引起的声衰减。与声源有关的主要因素有列车类型、运行速度、线路类型、轨道结构、垂向指向性等；与传播过程有关的主要因素有几何发散损失、大气吸收、地面声衰减、屏障声绕射衰减、建筑群衰减等。模式预测法原则上适用所有项目。选用计算模式时，应特别注意模式的使用条件和参数的选取，如果实际情况不能很好满足模式的应用条件时，要对主要模式进行修正并进行必要的验证。

采用类比预测法时，应注意类比对象的可比性。采用模型试验预测法时，应对方法的合理性和可靠性作必要的说明。

一、多声源等效模型

高速动车组噪声源主要有轮轨噪声、空气动力噪声和集电系统噪声等，各噪声源在垂直方向上有明显的分层分布特征。高速铁路噪声源的组成和特性相对于普速铁路均已发生明显改变，传统基于轮轨滚动噪声的预测方法已不再适用。为了准确预测铁路噪声，日本、德国等国家针对普速铁路和高速铁路噪声源特性分别提出了相应的预测方法。日本在建设北陆新干线时，构建了多声源预测模型。

德国于 2015 年 1 月 1 日正式实施的《联邦排放保护法》——16 规章，也将高速铁路噪声源划分为 3 个不同的声源高度。

我国高速铁路噪声源识别分析表明[40]：列车运行速度低于 200 km/h 时，铁路噪声以轮轨滚动噪声为主；列车运行速度高于 200 km/h 时，气动噪声增幅极为显著，受电弓和气动噪声逐步成为重要噪声源。在高速铁路噪声源研究成果的基础上，我国对高速铁路各声源组成和特性进行了深入分析和研究，基于声学波动理论和高速铁路声源指向特性，构建了多声源等效模型，更符合高速铁路的声源传播特性，并纳入了《环境影响评价技术导则　声环境》（HJ2.4—2021）[41]。

1. 列车运行噪声基本预测计算式

进行铁路（速度为 200～350 km/h）列车运行噪声预测时，需采用多声源等效模型，源强应采用声功率级表示。等效模型可将集电系统噪声视为轨面以上 5.3 m 高的移动偶极子声源，车辆上部空气动力噪声视为轨面以上 2.5 m 高的无指向性有限长不相干线声源，以轮轨噪声为主的车辆下部噪声视为轨面以上 0.5 m 高的有限长不相干偶极子线声源，见图 3-1。

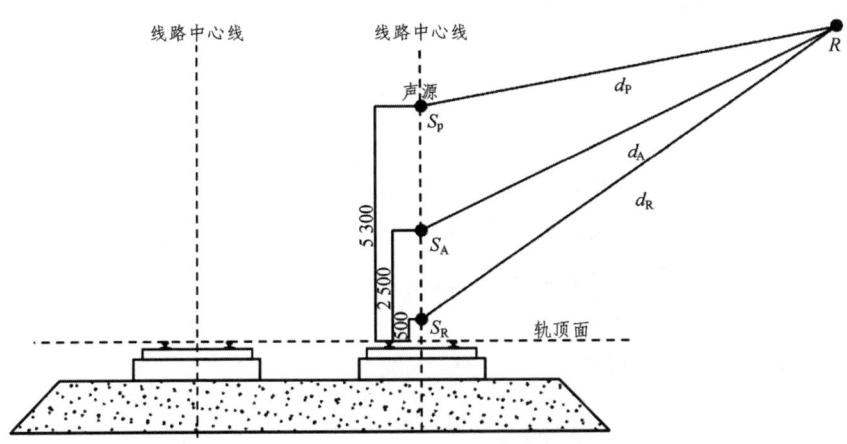

图 3-1　高速铁路多声源等效模型示意（单位：mm）

预测点列车运行噪声等效 A 声级基本预测计算式为

$$L_{\mathrm{Aeq},p} = 10\lg\left\{\frac{1}{T}\left(\sum_i n_i t_{\mathrm{eq},i} 10^{0.1 L_{p,i}}\right)\right\} \qquad (3\text{-}1)$$

式中　$L_{\mathrm{Aeq},p}$——预测点列车运行噪声等效 A 声级，dB；
　　　T——规定的评价时间，s；
　　　n_i——T 时间内通过的第 i 类列车数；
　　　$t_{\mathrm{eq},i}$——第 i 类列车通过的等效时间，s；
　　　$L_{p,i}$——第 i 类列车通过预测点处等效连续 A 声级，dB。

列车运行噪声的作用时间采用列车通过的等效时间 $t_{\mathrm{eq},i}$，其近似值按式（3-2）计算：

$$t_{\mathrm{eq},i} = \frac{l}{v}\left(1 + 0.8\frac{d}{l}\right) \qquad (3\text{-}2)$$

式中　$t_{\mathrm{eq},i}$——第 i 类列车通过的等效时间，s；
　　　l——列车长度，m；
　　　v——列车运行速度，m/s；
　　　d——预测点到线路中心线的水平距离，m。

列车通过等效时间 $t_{\mathrm{eq},i}$，可按式（3-3）精确计算：

$$t_{\mathrm{eq},i} = \frac{l_i}{v_i} \cdot \frac{\pi}{2\arctan\dfrac{l_i}{2d} + \dfrac{4dl_i}{4d^2 + l_i^2}} \qquad (3\text{-}3)$$

式中　$t_{\mathrm{eq},i}$——第 i 类列车通过的等效时间，s；
　　　l_i——第 i 类列车长度，m；
　　　v_i——第 i 类列车的运行速度，m/s；
　　　d——预测点到线路中心线的距离，m。

第 i 类列车通过时段预测点处等效连续 A 声级按式（3-4）计算：

$$L_{p,i} = 10\lg[10^{0.1(L_{WP,i}+C_{P,i})} + 10^{0.1(L_{WA,i}+C_{A,i})} + 10^{0.1(L_{WR,i}+C_{R,i})}]$$

$$(3\text{-}4)$$

式中 $L_{p,i}$——第 i 类列车通过时段预测点处等效连续 A 声级，dB；
　　　$L_{WP,i}$——第 i 类列车集电系统声功率级，dB；
　　　$C_{P,i}$——第 i 类列车集电系统噪声修正及传播衰减量，dB；
　　　$L_{WA,i}$——第 i 类列车单位长度线声源声功率级（车体区域），dB；
　　　$C_{A,i}$——第 i 类列车车体区域噪声修正及传播衰减量，dB；
　　　$L_{WR,i}$——第 i 类列车单位长度线声源声功率级（轮轨区域），dB；
　　　$C_{P,i}$——第 i 类列车轮轨区域噪声修正及传播衰减量，dB。

第 i 类列车集电系统噪声修正及传播衰减量 $C_{P,i}$ 按式（3-5）计算：

$$C_{P,i} = C_{vP,i} - A_{bar,P,i} - A_{div,P,i} - A_{atm} - A_{hous} \quad (3-5)$$

式中 $C_{vP,i}$——第 i 类列车集电系统噪声速度修正，dB；
　　　$A_{bar,P,i}$——第 i 类列车集电系统声屏障衰减，dB；
　　　$A_{div,P,i}$——第 i 类列车集电系统噪声距离修正，dB；
　　　A_{atm}——大气吸收引起的噪声衰减，dB，计算方法参照式（3-24）；
　　　A_{hous}——建筑群引起的噪声衰减，dB，计算方法参照式（3-25）。

第 i 类列车车体区域噪声修正及传播衰减量 $C_{A,i}$ 按式（3-6）计算：

$$C_{A,i} = C_{vA,i} - A_{bar,A,i} - A_{div,A,i} - A_{atm} - A_{hous} \quad (3-6)$$

式中 $C_{vA,i}$——第 i 类列车车体区域噪声速度修正，dB；
　　　$A_{bar,A,i}$——第 i 类列车车体区域声屏障衰减，dB；
　　　$A_{div,A,i}$——第 i 类列车车体区域噪声距离修正，dB。

第 i 类列车轮轨区域噪声修正及传播衰减量 $C_{R,i}$ 按式（3-7）计算：

$$C_{R,i} = C_{vR,i} + C_{t,R} + C_{t,\theta,R} - A_{bar,R,i} - A_{div,R,i} - A_{atm} - A_{hous}$$

$$(3-7)$$

式中 $C_{vR,i}$——第 i 类列车轮轨区域噪声速度修正，dB；

$C_{t,R}$——线路和轨道结构修正，dB；

$C_{t,\theta,R}$——轮轨区域噪声源垂向指向性修正，dB；

$A_{bar,R,i}$——第 i 类列车轮轨区域声屏障修正，dB；

$A_{div,R,i}$——第 i 类列车轮轨区域噪声距离修正，dB。

2．声源声功率级

铁路噪声源声功率级可以通过现场测试、声压级理论计算以及查阅资料等方式获取。通过声压级理论计算声功率级的方法可参照式（3-8）～式（3-10），其中声压级可通过已有资料或类比测量获得。类比测量声压级时下列条件应相同或相近：车辆类型、车辆轴重、簧下质量、列车速度、有砟/无砟轨道、有缝/无缝线路、线路坡度、钢轨类型、扣件类型、路基类型或桥梁梁型及结构等。

（1）集电系统噪声源声功率级。

列车集电系统声功率级可按式（3-8）计算：

$$L_{WP,i} = L_{p,i} - 10\lg\left(14.056\frac{C_{PS}}{v} + 0.033C_{AS} + 0.022C_{RS}\right) + 10\lg C_{PS} + 26$$

（3-8）

式中 $L_{WP,i}$——第 i 类列车集电系统声功率级，dB。

$L_{p,i}$——距近侧线路中心线 25 m、轨面以上 3.5 m 处列车通过时段等效连续 A 声级，dB（A）；

v—— $L_{p,i}$ 对应的列车运行速度，km/h；

C_{PS}——集电系统噪声源声功率级计算参数，见表 3-1；

C_{AS}——车体区域噪声源声功率级计算参数，见表 3-1；

C_{RS}——轮轨区域噪声源声功率级计算参数，见表 3-1。

（2）车体区域（单位长度线声源）噪声源声功率级。

列车单位长度线声源声功率级（轮轨区域）可按式（3-9）计算：

$$L_{WA,i} = L_{p,i} - 10\lg\left(14.056\frac{C_{PS}}{v} + 0.033C_{AS} + 0.022C_{RS}\right) + 10\lg C_{AS} + 2.9$$

（3-9）

式中　$L_{WA,i}$——第 i 类列车单位长度线声源声功率级（轮轨区域），dB。

（3）轮轨区域（单位长度线声源）噪声源声功率级。

列车单位长度线声源声功率级（轮轨区域）可按式（3-10）计算：

$$L_{WR,i} = L_{p,i} - 10\lg\left(14.056\frac{C_{PS}}{v} + 0.033C_{AS} + 0.022C_{RS}\right) + 10\lg C_{RS} + 2.9$$

（3-10）

式中　$L_{WR,i}$——第 i 类列车单位长度线声源声功率级（轮轨区域），dB；

3．声源距离修正

（1）集电系统噪声距离。

集电系统噪声距离修正 $A_{\text{div},P}$ 按式（3-11）计算：

$$A_{\text{div},P} = 10\lg v - 10\lg\left[\frac{1}{d}\arctan\frac{l-l_1}{d} + \frac{l-l_1}{d^2+(l-l_1)^2} + \frac{1}{d}\arctan\frac{l_1}{d} + \frac{l_1}{d^2+l_1^2}\right] + 5.4$$

（3-11）

式中　$A_{\text{div},P}$——集电系统噪声距离修正，dB；

　　　v——列车运行速度，km/h；

　　　d——受声点至声源的直线距离，m；

　　　l——列车长度，m；

　　　l_1——列车车头距集电系统的距离，m。

（2）车体区域噪声距离修正。

车体区域噪声距离修正 $A_{\text{div},A}$ 按式（3-12）计算：

$$A_{\text{div},A} = -10\lg\left(\frac{1}{d}\arctan\frac{l}{2d}\right) + 5 \quad （3-12）$$

式中　$A_{\text{div},A}$——车体区域噪声距离修正，dB；

表 3-1 高速铁路噪声源声功率计算参数

轨道类型	列车速度/(km/h)	C_B	C_{wR}	C_R
无砟轨道——桥梁	200~300	$0.86\left(\dfrac{v}{250}\right)^{2.5} + 0.1\left(\dfrac{v}{250}\right)^{4.5} + 0.04\left(\dfrac{v}{250}\right)^{6}$	$0.86\left(\dfrac{v}{250}\right)^{2.5} + 0.1\left(\dfrac{v}{250}\right)^{4.5} + 0.04\left(\dfrac{v}{250}\right)^{6}$	$0.86\left(\dfrac{v}{250}\right)^{2.5} + 0.04\left(\dfrac{v}{250}\right)^{4.5} + 0.04\left(\dfrac{v}{250}\right)^{6}$
无砟轨道——桥梁	>300	$1.36\left(\dfrac{v}{300}\right)^{4} + 0.1\left(\dfrac{v}{250}\right)^{4.5} + 0.04\left(\dfrac{v}{250}\right)^{6}$	$1.36\left(\dfrac{v}{300}\right)^{4} + 0.1\left(\dfrac{v}{250}\right)^{4.5} + 0.04\left(\dfrac{v}{250}\right)^{6}$	$1.36\left(\dfrac{v}{300}\right)^{4} + 0.04\left(\dfrac{v}{250}\right)^{4.5} + 0.04\left(\dfrac{v}{250}\right)^{6}$
无砟轨道——路基	200~300	$0.78\left(\dfrac{v}{250}\right)^{2.5} + 0.16\left(\dfrac{v}{250}\right)^{4.5} + 0.06\left(\dfrac{v}{250}\right)^{6}$	$0.78\left(\dfrac{v}{250}\right)^{2.5} + 0.16\left(\dfrac{v}{250}\right)^{4.5} + 0.06\left(\dfrac{v}{250}\right)^{6}$	$0.78\left(\dfrac{v}{250}\right)^{2.5} + 0.16\left(\dfrac{v}{250}\right)^{4.5} + 0.06\left(\dfrac{v}{250}\right)^{6}$
无砟轨道——路基	>300	$1.23\left(\dfrac{v}{300}\right)^{4} + 0.16\left(\dfrac{v}{250}\right)^{4.5} + 0.06\left(\dfrac{v}{250}\right)^{6}$	$1.23\left(\dfrac{v}{300}\right)^{4} + 0.16\left(\dfrac{v}{250}\right)^{4.5} + 0.06\left(\dfrac{v}{250}\right)^{6}$	$1.23\left(\dfrac{v}{300}\right)^{4} + 0.16\left(\dfrac{v}{250}\right)^{4.5} + 0.06\left(\dfrac{v}{250}\right)^{6}$
有砟轨道	200~300	$0.69\left(\dfrac{v}{250}\right)^{2.5} + 0.17\left(\dfrac{v}{250}\right)^{4.5} + 0.14\left(\dfrac{v}{250}\right)^{6}$	$0.69\left(\dfrac{v}{250}\right)^{2.5} + 0.17\left(\dfrac{v}{250}\right)^{4.5} + 0.14\left(\dfrac{v}{250}\right)^{6}$	$0.69\left(\dfrac{v}{250}\right)^{2.5} + 0.17\left(\dfrac{v}{250}\right)^{4.5} + 0.14\left(\dfrac{v}{250}\right)^{6}$
有砟轨道	>300	$1.09\left(\dfrac{v}{300}\right)^{4} + 0.17\left(\dfrac{v}{250}\right)^{4.5} + 0.14\left(\dfrac{v}{250}\right)^{6}$	$1.09\left(\dfrac{v}{300}\right)^{4} + 0.17\left(\dfrac{v}{250}\right)^{4.5} + 0.14\left(\dfrac{v}{250}\right)^{6}$	$1.09\left(\dfrac{v}{300}\right)^{4} + 0.17\left(\dfrac{v}{250}\right)^{4.5} + 0.14\left(\dfrac{v}{250}\right)^{6}$

d ——受声点至声源的直线距离，m；

l ——列车长度，m。

（3）轮轨区域噪声距离修正。

轮轨区域噪声距离修正 $A_{\text{div,R}}$ 按式（3-13）计算：

$$A_{\text{div,R}} = -10\lg\left[\frac{4l}{4d^2+l^2}+\frac{1}{d}\arctan\frac{l}{2d}\right]+8 \quad (3\text{-}13)$$

式中　$A_{\text{div,R}}$ ——轮轨区域噪声距离修正，dB；

　　　d ——受声点至声源的直线距离，m；

　　　l ——列车长度，m。

4．声源垂向指向性

高速铁路轮轨区域噪声源需考虑垂向指向性，按式（3-14）进行计算，车体区域和集电系统可不考虑声源垂向指向性。

$$C_{\text{t},\theta,\text{R}} = C_{\text{t},\theta} - C_{\text{t,ref}} \quad (3\text{-}14)$$

式中　$C_{\text{t},\theta,\text{R}}$ ——轮轨区域垂直指向性修正，dB；

　　　$C_{\text{t,ref}}$ ——采用式（3-8）~式（3-10）获取噪声源声功率级时，对应距线路中心线 25 m、轨面以上 3.5 m 处垂向指向性修正量，按式（3-15）计算，当直接采用噪声源声功率级进行计算时，$C_{\text{t,ref}}$ 为 1.5；

　　　$C_{\text{t},\theta}$ ——按式（3-15）计算的垂向指向性修正量，dB。

$$C_{\text{t},\theta} = \begin{cases} -2.5, & \theta > 50° \\ -0.016\,5(\theta-21.5°)^{1.5}, & 21.5° \leqslant \theta \leqslant 50° \\ -0.02(21.5°-\theta)^{1.5}, & -10° \leqslant \theta \leqslant 21.5° \\ -3.5, & \theta < -10° \end{cases} \quad (3\text{-}15)$$

其中　$C_{\text{t},\theta}$ ——列车运行噪声垂向指向性修正，dB；

　　　θ ——预测点与声源水平方向夹角（°），θ 是以高于轨面以上 0.5 m，即声源位置为水平基准。

5. 速度修正

（1）集电系统速度修正。

集电系统速度修正按式（3-16）计算：

$$C_{vP} = 60\lg \frac{v}{v_0} \tag{3-16}$$

（2）车体区域速度修正。

车体区域速度修正按式（3-17）计算：

$$C_{vA} = 45\lg \frac{v}{v_0} \tag{3-17}$$

（3）轮轨区域速度修正。

当 200 km/h ≤ v ≤ 300 km/h 时，轮轨区域速度修正按式（3-18）计算：

$$C_{vR} = 25\lg \frac{v}{v_0} \tag{3-18}$$

当 v > 300 km/h 时，轮轨区域速度修正按式（3-19）计算：

$$C_{vR} = 40\lg \frac{v}{v_0} \tag{3-19}$$

式中　C_{vP}——集电系统速度修正，dB；

C_{vA}——车体区域速度修正，dB；

C_{vR}——轮轨区域速度修正，dB；

v_0——噪声源强的参考速度，km/h；

v——列车通过预测点的运行速度，km/h。

6. 声屏障插入损失计算

声屏障声传播路径如图 3-2 所示，按照集电系统、车体区域、轮轨区域分别计算声屏障插入损失。

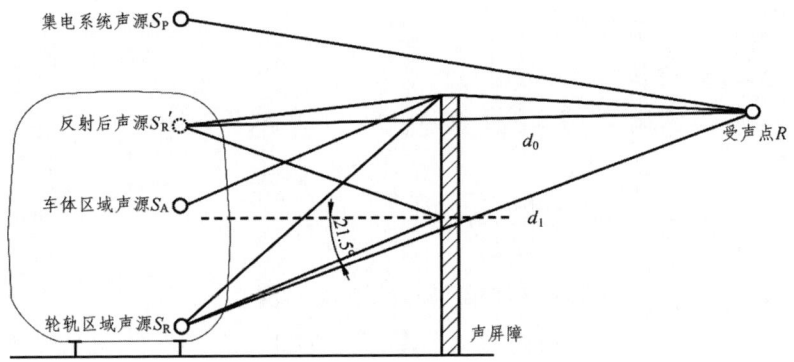

图 3-2　铁路（速度 200 km/h 及以上、350 km/h 及以下）声屏障声传播途径示意

（1）集电系统噪声屏障衰减 $A_{bar,P}$。

集电系统噪声屏障衰减 $A_{bar,P}$ 可采用点声源通过声屏障顶端绕射衰减方法，按式（3-20）计算：

$$A_{bar,P} = -10\lg\left(\frac{1}{3+20N_1}\right) \quad (3\text{-}20)$$

式中　$A_{bar,P}$——障碍物屏蔽引起的衰减，dB；

　　　N_1——顶端绕射的声程差 δ_1 相应的菲涅尔数，$N_1 = 2\delta_1/\lambda = 2\delta_1 f/c$。

（2）车体区域噪声屏障衰减 $A_{bar,A}$。

车体区域噪声屏障衰减 $A_{bar,A}$ 按式（3-21）计算：

$$A_{bar,A} = \begin{cases} 10\lg\dfrac{3\pi\sqrt{1-t^2}}{4\arctan\sqrt{\dfrac{1-t}{1+t}}}, & t = \dfrac{40f\delta}{3c} \leqslant 1 \\[2ex] 10\lg\dfrac{3\pi\sqrt{t^2-1}}{2\ln(t+\sqrt{t^2-1})}, & t = \dfrac{40f\delta}{3c} > 1 \end{cases}$$

（3-21）

式中　$A_{bar,A}$——障碍物屏蔽引起的衰减，dB；

　　　f——声波频率，Hz；

δ ——声程差，m；

c ——声速，m/s。

有限长声屏障的衰减量（A'_{bar}）可按公式（3-22）近似计算：

$$A'_{bar} \approx -10\lg\left(\frac{\beta}{\theta}10^{-0.1A_{bar}}+1-\frac{\beta}{\theta}\right) \quad (3-22)$$

式中 A'_{bar} ——有限长声屏障引起的衰减，dB；

β ——受声点与声屏障两端连接线的夹角，（°），见图 3-3；

θ ——受声点与线声源两端连接线的夹角，（°），见图 3-3；

A_{bar} ——无限长声屏障的衰减量，dB，可按式（3-21）计算。

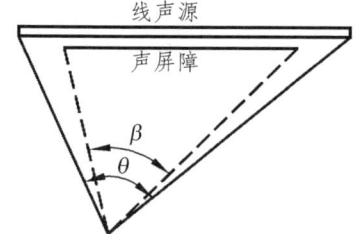

图 3-3 受声点与线声源两端连接线的夹角（遮蔽角）

（3）轮轨区域噪声屏障衰减 $A_{bar,R}$。

实际应用时，应考虑声源与声屏障之间至少受一次反射声影响，如图 3-2 所示。首先计算声源 S_0 通过声屏障后的顶端绕射衰减，然后按照相同方法计算声源与声屏障之间反射声等效声源 S_1 通过声屏障后的顶端绕射衰减，同时考虑顶端绕射和声屏障反射的影响。$A_{bar,R}$ 可按式（3-23）计算。

$$A_{bar,R} = L_{r0} - L_r - 10\lg\left\{10^{0.14A'_{b0}} + 10^{0.1\left[10\lg(1-NRC)-10\lg\frac{d_1}{d_0}-A'_{b1}\right]}\right\}$$

（3-23）

式中 $A_{bar,R}$ ——障碍物屏蔽引起的衰减，dB；

L_{r0}——未安装声屏障时受声点处声压级，dB；

L_r——安装声屏障后受声点处声压级，dB；

NRC——声屏障的降噪系数；

A'_{b0}——安装声屏障后受声点处声源顶端绕射衰减，可参照式（3-21）计算，dB；

A'_{b1}——安装声屏障后受声点处一次反射后等效声源位置的顶端绕射衰减，可参照式（3-21）计算，dB，当受声点位于一次反射后等效声源位置与声屏障的声亮区时，A'_{b1} 可取为 5；

d_0——受声点至声源 S_0 的直线距离，m；

d_1——受声点至一次反射后等效声源 S_1 的直线距离，m。

当声源与受声点之间受其他遮挡物（如桥面、路基等）影响，声源传播无法满足直达声传播条件时，受声点处未安装声屏障时的声压级应按式（3-21）计算遮挡物的附加衰减量。

需要注意的是，在计算集电系统噪声屏障衰减、车体区域噪声屏障衰减、轮轨区域噪声屏障衰减时，应分别采用集电系统噪声、车体区域噪声、轮轨区域噪声对应的等效频率。

7．大气吸收引起的噪声衰减

大气吸收引起的衰减（A_{atm}）按式（3-24）计算：

$$A_{atm} = \frac{\alpha(r-r_0)}{1\,000} \qquad (3-24)$$

式中　A_{atm}——大气吸收引起的衰减，dB；

α——与温度、湿度和声波频率有关的大气吸收衰减系数，预测计算中一般根据建设项目所处区域常年平均气温和湿度选择相应的大气吸收衰减系数（表 3-2）；

r——预测点距声源的距离，m；

r_0——参考位置距声源的距离，m。

表 3-2 倍频带噪声的大气吸收衰减系数 α

单位：dB/km

温度/ °C	相对湿度/%	倍频带中心频率/Hz							
		63	125	250	500	1 000	2 000	4 000	8 000
10	70	0.1	0.4	1.0	1.9	3.7	9.7	32.8	117.0
20	70	0.1	0.3	1.1	2.8	5.0	9.0	22.9	76.6
30	70	0.1	0.3	1.0	3.1	7.4	12.7	23.1	59.3
15	20	0.3	0.6	1.2	2.7	8.2	28.2	28.8	202.0
15	50	0.1	0.5	1.2	2.2	4.2	10.8	36.2	129.0
15	80	0.1	0.3	1.1	2.4	4.1	8.3	23.7	82.8

8．建筑群引起的噪声衰减

建筑群衰减 A_{hous} 不超过 10 dB 时，近似等效连续 A 声级按式（3-25）估算。当从受声点可直接观察到线路时，不考虑此项衰减。

$$A_{\text{hous}} = A_{\text{hous},1} + A_{\text{hous},2} \tag{3-25}$$

式中　$A_{\text{hous},1}$ 按式（3-26）计算，dB。

$$A_{\text{hous},1} = 0.1 B d_b \tag{3-26}$$

式中　B ——声传播路线上建筑物的密度，等于建筑物总平面面积除以总地面面积（包括建筑物所占面积）；

　　　d_b ——通过建筑群的声传播路线长度，按式（3-27）计算，d_1 和 d_2 如图 3-4 所示：

$$d_b = d_1 + d_2 \tag{3-27}$$

假如声源沿线附近有成排整齐排列的建筑物，则可将附加项包括在内（假定这一项小于在同一位置上与建筑物平均高度等高的一个屏障插入损失），按式（3-28）计算：

$$A_{\text{hous},2} = -10\lg(1-p) \tag{3-28}$$

式中　p——沿声源纵向分布的建筑物正面总长度除以对应的声源长度，其值小于或等于90%。

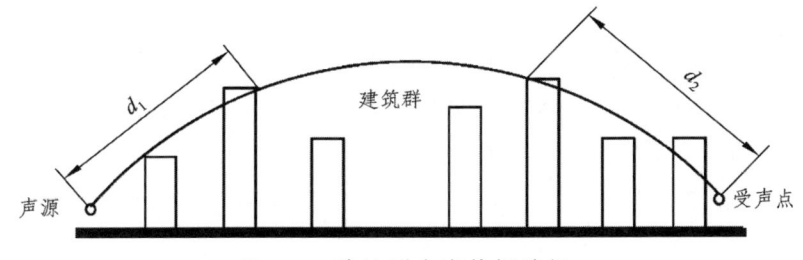

图3-4　建筑群中声传播路径

二、比例预测法

1．比例预测法适用范围

比例预测法可用于既有铁路改、扩建项目中以列车运行噪声为主的线路，其工程实施前后线路位置应基本维持原有状况不变，预测范围内建筑物分布状况应保持不变。对于新建项目和铁路编组场、机务段、折返段、车辆段等既有站、场、段、所的改扩建项目，不适合采用比例预测法。

2．计算方法

比例预测法预测等效声级的计算方法如式（3-29）、式（3-30）所示：

$$L_{\text{Aeq},p} = 10\lg \sum_i 10^{0.1 L_{\text{AE},p,i}} - 10\lg T \quad （3-29）$$

其中

$$L_{\text{AE},p,i} = 10\lg \left(\frac{n_{\text{p},i}}{n_{\text{n},i}} \sum_j 10^{0.1 L_{\text{AE},n,j}} \right) + k_{\text{v},i} \lg \frac{v_{\text{p},i}}{v_{\text{n},i}} + C_{\text{t}} + C_{\text{s},i} \quad （3-30）$$

式中　$L_{\text{Aeq},p}$——预测点列车运行噪声等效A声级，dB；
　　　$L_{\text{AE},p,i}$——预测点第i类列车总暴露声级，dB；

T —— 评价时间，s；

$L_{AE,n,j}$ —— 第 j 列列车通过时的暴露声级，dB；

$n_{n,i}$ —— 第 i 类列车工程实施前 T 时间内通过的总编组数；

$n_{p,i}$ —— 第 i 类列车工程实施后 T 时间内通过的总编组数；

$k_{v,i}$ —— 第 i 类列车速度变化引起声级的修正系数；

$v_{n,i}$ —— 第 i 类列车工程实施前的运行速度，km/h；

$v_{p,i}$ —— 第 i 类列车工程实施后的运行速度，km/h；

C_t —— 线路结构变化引起的声级修正量，dB；

$C_{s,i}$ —— 第 i 类列车源强变化引起的声级修正量，dB。

在测量过程中，当接收点同时受铁路噪声和其他噪声影响时，应进行背景噪声的修正。背景噪声在此时是指铁路噪声不作用时的其他噪声。例如，线路距接收点较远，其辐射到接收点的噪声可忽略不计时的其他噪声总和，可视为该点的背景噪声。背景噪声小于铁路噪声测量值 10 dB 及以上时，不做修正；小于铁路噪声测量值 3~10 dB 时，应按式（3-31）进行修正；小于铁路噪声测量值 3 dB 以下时测量数据无效，应重新测量。

$$L_{AE,c} = 10\lg(10^{0.1L_{AE,m}} - 10^{0.1L_{AE,b}}) \quad (3-31)$$

式中 $L_{AE,c}$ —— 每列列车修正后的不含背景噪声的暴露声级（$L_{AE,n,j}$），dB；

$L_{AE,m}$ —— 每列列车现场实测的含背景噪声的暴露声级，dB；

$L_{AE,b}$ —— 每列列车的背景噪声的暴露声级，dB。

背景噪声需对应测量每一通过列车的暴露声级。$L_{AE,b}$ 的测量时间与相应接收点处所测的每一通过列车暴露声级 $L_{AE,m}$ 的测量时间长度相等。

3. 预测步骤

比例预测法可按以下步骤进行：

第 1 步：确认是否适合采用比例预测法。

第 2 步：确定噪声监测断面，布设测点。

第 3 步：在每一测量断面实施噪声同步监测。测量每一通过列车的含背景噪声的暴露声级 $L_{AE,m}$、背景噪声 $L_{AE,b}$、测量持续时间，并测量和记录列车通过速度、节数、列车类型及有关的线路情况。

第 4 步：进行背景噪声修正计算，确定每列车的 $L_{AE,c}$（$L_{AE,n,j}$）。

第 5 步：确定工程实施前、后各类列车的运行速度。工程实施前的列车运行速度可按第 3 步中实测速度，以每类列车的速度平均值作为该类型列车的计算速度，即 $v_{n,i}$。通过开展类比试验，确定每类列车速度变化引起声级的修正系数 $k_{v,i}$。

第 6 步：根据工程实施前、后的线路结构，参考相关标准、资料或开展类比试验，确定线路结构变化引起的声级修正量 C_t。

第 7 步：根据工程实施前、后各种类型列车的变化，参考相关标准、资料或类比试验，确定每类列车源强变化引起的声级修正量 $C_{s,i}$。

第 8 步：根据第 3 步现场记录的列车通过编组数，确定工程实施前第 i 类列车 T 时间内通过的总编组数 $n_{n,i}$。根据工程设计资料，确定工程实施后第 i 类列车 T 时间内通过的总节数 $n_{p,i}$。

第 9 步：计算每类列车在 T 时间内预测的总暴露声级 $L_{AE,p,i}$。

第 10 步：计算每一接收点处的等效声级 $L_{Aeq,p}$，作为该点的预测结果。

第二节 日本高速铁路噪声预测方法

日本在设计、建设北陆新干线时采用的高速铁路噪声预测方法，是根据高速铁路噪声的特点，按车辆下部噪声、构筑物噪声、集电系噪声、车辆上部空气动力噪声分别计算后合成，预测受声点处的噪声级。该方法称为北陆方法[42]。

1. 北陆方法噪声预测模式

北陆方法将列车运行产生的噪声分成 4 个部分，分别为车辆下部噪声、构筑物噪声、集电系噪声、车辆上部空气动力噪声，如图 3-5 所示。

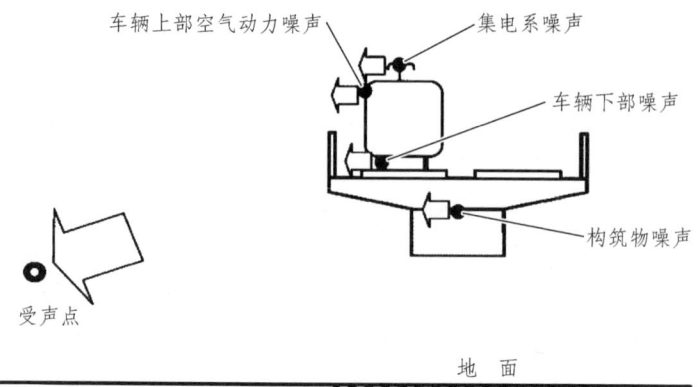

图 3-5　高架区段铁路噪声的组成

分别计算受声点处接受的每一部分噪声声级后,再采用能量和的方法计算总的噪声声级。在高架区段的列车运行噪声中,由于高架结构振动产生的二次辐射噪声是重要的组成部分,故在计算中不能忽视。北陆方法在总的声级计算中包含构筑物噪声,如式(3-32)所示:

$$L_{总} = 10\lg(10^{0.1L_R} + 10^{0.1L_S} + 10^{0.1L_P} + 10^{0.1L_A}) \quad (3\text{-}32)$$

式中　L_R——车辆下部噪声,dB;

　　　L_S——构筑物噪声,dB;

　　　L_P——集电系噪声,dB;

　　　L_A——车辆上部空气动力噪声,dB。

非高架路段如路堤线路,北陆方法不考虑构筑物噪声,总的声级计算方法如式(3-33)所示:

$$L_{总} = 10\lg(10^{0.1L_R} + 10^{0.1L_P} + 10^{0.1L_A}) \quad (3\text{-}33)$$

2. 噪声计算方法

(1) 车辆下部噪声。

车辆下部噪声主要以轮轨噪声为主,北陆方法将其视为无指向性的有限长线声源。长为 l(m)、运行速度为 v(km/h)的列车通过受声点时，列车中部处于受声点正向时的噪声声级最大，记为 $L_{R,max}$，或简记为 L_R。车辆下部噪声传播到受声点的途径如图 3-6 所示。

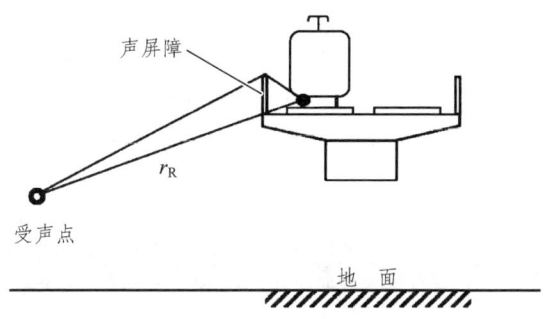

图 3-6　车辆下部噪声辐射示意

L_R 的计算如式（3-34）、式（3-35）所示：

$$L_R = L_{W,R} - 8 + 10\lg\left(\frac{2}{r_R}\arctan\frac{l}{2r_R}\right) - \Delta L_R + \Delta\alpha \quad (3\text{-}34)$$

式中　$L_{W,R}$——单位长线声源车辆下部噪声声功率级，dB；

　　　r_R——受声点到外侧轨道的直线距离，m；

　　　l——列车长度，m；

　　　ΔL_R——障碍物引起的声衰减，dB；

　　　$\Delta\alpha$——地表面影响的修正量，dB。

$$L_{W,R} = L_{W,R,v260} + 20\lg\frac{v}{260} \quad (3\text{-}35)$$

其中　$L_{W,R,v260}$——列车速度 260 km/h 时的车辆下部噪声声功率级，dB；

　　　v——列车运行速度，km/h。

E2 系和 200 系列车速度 260 km/h 时，车辆下部噪声声功率级 $L_{W,R,v260}$ 取值见表 3-3 所示，列车长度见表 3-4 所示。

表 3-3　E2 系和 200 系的 $L_{W,R,v260}$　　　　单位：dB

轨道类型	E2 系	200 系
无砟板式轨道	103.5	105.0
有砟轨道	98.5	100.0

表 3-3 中的无砟板式轨道噪声比有砟轨道的值大 5 dB，依据的是日本 1996 年的研究成果。

表 3-4　E2 系和 200 系的列车长度　　　　单位：m

编组形式	E2 系	200 系
8 辆	201.4	200
12 辆	301.4	300

障碍物引起的声衰减 ΔL_R，如声屏障的声衰减，可按声屏障的计算方法处理。

（2）构筑物噪声。

构筑物噪声主要以高架结构振动产生的噪声为主，北陆方法将其视为无指向性的有限长声源。声源的计算位置位于高架桥下面中心。考虑声反射的作用，计算时增加一个虚声源，位置与前者成镜像关系，如图 3-7 所示。

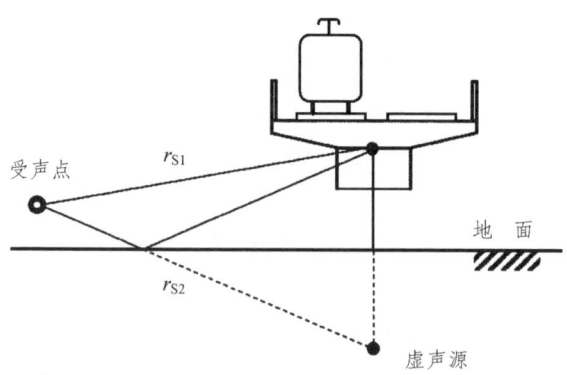

图 3-7　高架桥构筑物噪声辐射示意

声源长度同列车长度 l。受声点的噪声 L_S 为两者作用的和,如式(3-36)~式(3-39)所示:

$$L_S = 10\lg(10^{0.1L_{S1}} + 10^{0.1L_{S2}}) \quad (3\text{-}36)$$

式中　L_{S1}——构筑物直接辐射的噪声,dB;
　　　L_{S2}——地面反射的构筑物噪声,dB。

$$L_{S1} = L_{W,S1} - 8 + 10\lg\left(\frac{2}{r_{S1}}\arctan\frac{l}{2r_{S1}}\right) \quad (3\text{-}37)$$

$$L_{S2} = L_{W,S2} - 8 + 10\lg\left(\frac{2}{r_{S2}}\arctan\frac{l}{2r_{S2}}\right)$$

式中　$L_{W,S1}$——单位长线声源构筑物直接辐射噪声的声功率级,dB;
　　　$L_{W,S2}$——单位长线声源地面反射的构筑物噪声的声功率级,dB;
　　　l——列车长度,m;
　　　r_{S1}——受声点到高架桥下面中心的直线距离,m;
　　　r_{S2}——受声点到高架桥虚声源的直线距离,m。

$$L_{W,S1} = L_{W,S1,v260} + 20\lg\frac{v}{260} \quad (3\text{-}38)$$

式中　$L_{W,S1,v260}$——列车速度 260 km/h 时构筑物直接辐射噪声的声功率级,dB;
　　　v——列车运行速度,km/h。

$$L_{W,S2} = L_{W,S1} - 1 \quad (3\text{-}39)$$

E2 系和 200 系的列车长度如表 3-4 所示,列车速度 260 km/h 时构筑物单位长线声源直接辐射噪声声功率级 $L_{W,S1,v260}$ 的取值如表 3-5 所示。

表 3-5　E2 系和 200 系的 $L_{W,R,v260}$　　　　　　单位：dB

轨道类型	E2 系	200 系
普通无砟板式轨道	82.0	83.5
防振无砟板式轨道	77.0	78.5
弹性轨枕有砟轨道	72.0	73.5
普通无砟板式轨道+低刚度轨道扣件	77.0	78.5
有砟轨道	82.0	83.5
有砟轨道+有砟轨道垫	74.0	75.5

（3）集电系噪声。

集电系噪声是指弓网摩擦产生的噪声和受电弓高速运行产生的空气动力噪声。北陆方法将其视为无指向性的点声源，声源的计算位置为运行轨道中心线轨面以上 5 m 处，如图 3-8 所示。

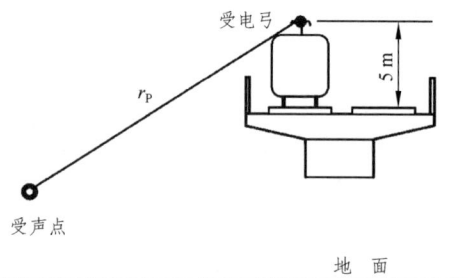

图 3-8　集电系噪声辐射示意

L_P 的计算如式（3-40）、式（3-41）所示：

$$L_P = L_{W,P} - 11 + 10\lg\left(\frac{1}{r_P^2} + \frac{1}{r_P^2 + x^2}\right) - \Delta L_P + \Delta \alpha \quad （3-40）$$

式中　$L_{W,P}$——单个集电系噪声声功率级，dB；

　　　r_P——受声点到正面集电系的直线距离，m；

　　　x——两受电弓之间的距离，m；

　　　ΔL_P——障碍物引起的声衰减，dB；

$\Delta\alpha$——地表面影响的修正量，dB。

$$L_{W,P} = L_{W,P,v260} + 60\lg\frac{v}{260} \quad (3\text{-}41)$$

式中　$L_{W,P,v260}$——列车速度 260 km/h 时的集电系噪声声功率级，dB；

v——列车运行速度，km/h。

列车速度 260 km/h 时的 $L_{W,P,v260}$：E2 系取值为 111.5 dB，200 系取值为 114.5 dB。E2 系和 200 系的两受电弓之间距离 x：8 辆编组为 50 m，12 辆编组为 150 m。

（4）车辆上部空气动力噪声。

对于车辆上部空气动力噪声，北陆方法将其视为无指向性的有限长线声源。长为 l（m）、运行速度为 v（km/h）的列车通过受声点时，列车中部处于受声点正向时的噪声声级最大，记为 $L_{A,max}$，或简记为 L_A。车辆上部空气动力噪声源位置及噪声传播到受声点的途径如表 3-6 和图 3-9 所示。

表 3-6　车辆上部空气动力噪声声源位置　　　单位：m

位置	E2 系	200 系
a	1.69	1.5
b	3.466	3.5

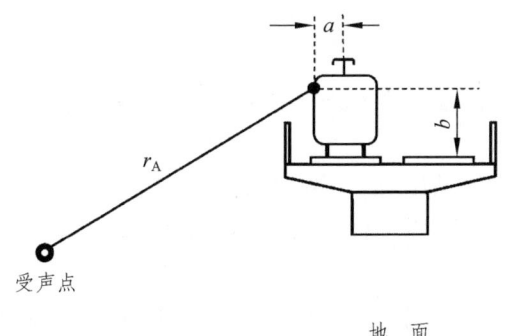

图 3-9　车辆上部空气动力噪声辐射示意

L_A 的计算如式（3-42）、式（3-43）所示：

$$L_A = L_{W,A} - 8 + 10\lg\left(\frac{2}{r_A}\arctan\frac{l}{2r_A}\right) - \Delta L_A + \Delta \alpha \qquad (3\text{-}42)$$

式中　$L_{W,A}$——单位长线声源车辆上部空气动力噪声声功率级，dB；

　　　r_A——受声点到车辆上部的直线距离，m；

　　　l——列车长度，m；

　　　ΔL_A——障碍物引起的声衰减，dB；

　　　$\Delta \alpha$——地表面影响的修正量，dB。

$$L_{W,A} = L_{W,A,v260} + 60\lg\frac{v}{260} \qquad (3\text{-}43)$$

式中　$L_{W,A,v260}$——列车速度 260 km/h 时的车辆上部空气动力噪声声功率级，dB；

　　　v——列车运行速度，km/h。

E2 系和 200 系的列车长度如表 3-4 所示。列车速度 260 km/h 时车辆上部空气动力噪声声功率级 $L_{W,A,v260}$：E2 系取值为 84.0 dB，200 系取值为 93.5 dB。

北陆方法按车辆下部噪声、构筑物噪声、集电系噪声、车辆上部空气动力噪声进行预测计算，符合高速铁路的噪声构成特点，比按单一声源计算的方法更加合理和可靠。

第三节　德国 Schall 03 铁路噪声预测方法

Schall 03 是德国铁路噪声预测的标准方法[43]，在欧盟国家中有很大影响。国外主要噪声预测软件如 SoundPLAN、CadnaA 等，都引入了 Schall 03 方法。

Schall 03 方法是将铁路线划分为若干小段，每一段简化为点声源，形成有限长的系列点声源，分别计算所有点声源对受声点作用的声级后，按能量叠加合成总的 A 声级。Schall 03 计算方法分为三步，第一步按式（3-44）计算每一段的辐射声压级 $L_{m,E}$，单位为 dB（A）。

$$L_{m,E} = 10\lg[\sum_i 10^{0.1(51+D_{Fz}+D_D+D_l+D_v)}] + D_{Fb} + D_{Br} + D_{Bc} + D_{Ra}$$

（3-44）

式中 D_{Fz}——列车类型影响修正量，dB；

D_D——列车制动器类型影响修正量，dB；

D_l——列车长度影响修正量，dB；

D_v——列车运行速度影响修正量，dB；

D_{Fb}——轨道类型影响修正量，dB；

D_{Br}——桥梁影响修正量，dB；

D_{Bc}——平交道路影响修正量，dB；

D_{Ra}——曲线半径影响修正量，dB。

式（3-44）中的 51 为 Schall 03 方法规定的列车运行噪声基准值，代表 1 h 内在规定线路条件下通过一列速度 100 km/h、长度 100 m 列车时，在距离线路 25 m、高于轨面 3.5 m 处的等效声级。

列车长度影响修正量 D_l 的计算如式（3-45）所示：

$$D_l = 10\lg(0.01l)$$

（3-45）

式中 l——1 h 内通过第 i 类列车的总长度，m。

列车运行速度影响修正量 D_v 的计算如式（3-46）所示：

$$D_v = 20\lg(0.01v)$$

（3-46）

式中 v——第 i 类列车的运行速度，km/h。

第二步按式（3-47）计算：

$$L_{r,k} = L_{m,E,k} + 19.2 + 10\lg l_k + D_{l,k} + D_{s,k} + D_{L,k} + D_{BM,k} + D_{Korr,k} + S$$

（3-47）

式中 $L_{m,E,k}$——第 k 段线路的辐射声级，dB；

l_k——第 k 段线路的长度，m；

$D_{\text{I},k}$——指向性影响修正量，dB；
$D_{\text{s},k}$——传播距离影响修正量，dB；
$D_{\text{L},k}$——大气吸收影响修正量，dB；
$D_{\text{BM},k}$——地面吸收影响修正量，dB；
$D_{\text{Korr},k}$——传播途径影响修正量，dB；
S——铁路噪声烦扰特性影响修正量，dB。

指向性影响修正量 $D_{\text{I},k}$ 的计算如式（3-48）所示：

$$D_{\text{I},k} = 10\lg(0.22 + 1.27\sin^2\delta_k) \tag{3-48}$$

式中 δ_k——s_k 与轨道的夹角（弧度）。

传播距离影响修正量 $D_{\text{s},k}$ 的计算如式（3-49）所示：

$$D_{\text{s},k} = 10\lg\left(\frac{1}{2\pi s_k^2}\right) \tag{3-49}$$

式中 s_k——第 k 段线路中心到受声点的距离，m。

大气吸收影响修正量 $D_{\text{L},k}$ 的计算如式（3-50）所示：

$$D_{\text{L},k} = -\frac{s_k}{200} \tag{3-50}$$

地面吸收影响修正量 $D_{\text{BM},k}$ 的计算如式（3-51）所示：

$$D_{\text{BM},k} = \frac{h_m}{s_k}\left(34 + \frac{600}{s_k}\right) - 4.8 \leq 0 \tag{3-51}$$

式中 h_m——传播途径的平均离地高度，m。

第三步按式（3-52）计算全部点声源辐射到受声点的总声压级 $L_{r,\text{tot}}$，单位为 dB（A）。

$$L_{r,\text{tot}} = 10\lg\sum_k 10^{0.1L_{r,k}} \tag{3-52}$$

Schall 03 方法采用系列点声源模拟铁路线噪声，这就决定了该方法具有较宽的适用范围，既可预测单一受声点的噪声，也可预测给定区域的噪声。在绘图软件的支持下，该法可用区域噪声等值线图表示噪声分布状况。

第四节　我国高速铁路运行噪声源强

1. 高速铁路列车运行噪声源强

根据京津城际、石太、合宁、合武、武广、郑西等高速铁路整体系统的联调联试及试运营综合试验噪声振动源特性现场试验数据研究成果，铁道部于 2010 年 5 月 27 日发布了《铁路建设项目环境影响评价噪声振动源强取值和治理原则指导意见（2010 年修订稿）》（铁计〔2010〕44 号），给出了高速铁路噪声源强[39]，见表 3-7。

线路条件：高速铁路，无缝、60 kg/m 钢轨，轨面状况良好，平直、路堤线路；桥梁线路，13.4 m 桥面宽度、箱型梁、带 1 m 高防护墙。

参考点位置：距列车运行线路中心 25 m、轨面以上 3.5 m 处。

表 3-7　中国高速铁路噪声源强　　单位：dB（A）

车速/(km/h)	路堤线路		桥梁线路	
	无砟轨道	有砟轨道	无砟轨道	有砟轨道
160	82.5	79.5	76.5	73.5
170	83.0	80.0	77.0	74.0
180	84.0	81.0	78.0	75.0
190	84.5	81.5	78.5	75.5
200	85.5	82.5	79.5	76.5
210	86.5	83.5	80.5	77.5
220	87.5	84.5	81.5	78.5
230	88.5	85.5	82.5	79.5

续表

车速/(km/h)	路堤线路		桥梁线路	
	无砟轨道	有砟轨道	无砟轨道	有砟轨道
240	89.0	86.0	83.0	80.0
250	89.5	86.5	83.5	80.5
260	90.5	87.5	84.5	81.0
270	91.0	88.0	85.0	81.5
280	91.5		85.5	
290	92.0		86.0	
300	92.5		86.5	
310	93.5		87.5	
320	94.0		88.0	
330	94.5		88.5	
340	95.0		89.0	
350	95.5		89.5	

2. 高速铁路（CRTS Ⅲ 无砟轨道）实测列车运行噪声源强

近年来，中国测试了多条 250~350 km/h 高速铁路（CRTS Ⅲ 无砟轨道）列车运行噪声源强[44-48]。距外侧轨道中心线 25 m、轨面以上 3.5 m 处，列车运行噪声源强如表 3-8 所示。

表 3-8 中国高速铁路（CRTS Ⅲ 无砟轨道）噪声源强

线路名称	设计速度/(km/h)	线路类型	列车运行速度/(km/h)	列车运行噪声源强/dB(A)
合肥至安庆高速铁路	350	桥梁	350	94.2
		路基		94.6

续表

线路名称	设计速度/(km/h)	线路类型	列车运行速度/(km/h)	列车运行噪声源强/dB(A)
安庆至九江高速铁路	350	桥梁	350	93.4
	350	路基		94.5
赣州至深圳高速铁路	350	桥梁	350	93.5
			385	94.3
		路基	300	91.3
			350	95.5
成都至贵阳高速铁路	250	桥梁	250	89.6
		路基		90.7

3. 高速铁路（有砟轨道）实测列车运行噪声源强

近年来，中国测试了多条 200～250 km/h 高速铁路（有砟轨道）列车运行辐射噪声[49-51]。距外侧轨道中心线 25 m、轨面以上 3.5 m 处，列车运行辐射噪声（源强）如表 3-9 所示。

表 3-9　中国高速铁路（有砟轨道）噪声源强

线路名称	设计速度/(km/h)	线路类型	列车运行速度/(km/h)	列车运行噪声源强/dB(A)
安庆至九江高速铁路	200	桥梁	200	88.3
		路基		87.1
太原至焦作高速铁路	250	桥梁	250	84.6
		路基		85.8
徐州至盐城高速铁路	250	桥梁	250	87.6
		路基		88.6

基于表 3-7～表 3-9 所示噪声源强（声压级），由表 3-1 可计算出集电系统噪声源声功率级计算参数 C_{PS}、车体区域噪声源声功率级计算参数 C_{AS}、轮轨区域噪声源声功率级计算参数 C_{RS}，再根据

式（3-8）～式（3-10）可分别计算出高速铁路三声源噪声模型所需要的集电系统声源总声功率级 $L_{WR,i}$、车体区域单位长度线声源声功率级 $L_{WA,i}$ 和轮轨区域单位长度线声源声功率级 $L_{WR,i}$。

第五节　京津城际铁路运营期噪声环境影响

京津城际铁路是中国首条设计时速 350 km 的高速铁路，采用 CRTS Ⅱ 型板式无砟轨道结构，2008 年 8 月 1 日开通运营。开通初期运营速度为 350 km/h，开行列车 47 对。2011 年 8 月 16 日，京津城际铁路降速至 300 km/h。2018 年 8 月 8 日，京津城际铁路运营速度正式恢复为 350 km/h，开行列车数量增加至 136 对。开通初期采用 CRH2C 型动车组和 CRH3C 型动车组，2009 年 4 月 6 日起，均改用 CRH3 型动车组。2018 年 8 月 1 日，全部更换为复兴号 CR400BF 型电力动车组。

一、京津城际铁路噪声影响——竣工环境保护验收调查阶段

2009 年 6—7 月，京津城际铁路开展了竣工环境保护验收调查，验收调查阶段，每日开行动车组 70 对。调查中，在沿线部分平房建筑的窗前进行了声环境质量监测，在无声屏障段和有声屏障段分别开展了噪声水平衰减情况的监测，在路侧居民小区的楼房开展了噪声垂直衰减情况的监测；还进行了声屏障降噪效果、噪声最大值、噪声频率特性等监测[52]。

1. 噪声监测结果

车速在 250 km/h 以下时，京津城际铁路的噪声影响轻微。当车速增至 250 km/h 以上时，铁路噪声明显增大，有声屏障的最高速度段（车速 330～350 km/h），铁路两侧 30～120 m，室外的环境噪声昼夜均超过《声环境质量标准》的 2 类区标准（昼间 60 dB、夜间 50 dB）。昼间一般超标 1～3 dB，最大超标 7 dB；夜间一般超

标 5~7 dB，最大超标 10 dB，且夜间的超标范围可达到 180 m。路侧 60~70 m 处的楼房，4 层及以上各层的环境噪声几乎全部超过 2 类标准，4~12 层的超标量随层数的递增而加剧。铁路设置的吸声式声屏障的降噪效果为 5~7 dB。路侧 30~120 m，铁路噪声的衰减量仅 3 dB 左右。夜间列车通过时，路侧 60 m 处的噪声最大值约 84 dB（有声屏障时约 81 dB）。京津城际列车通过某点的时长约 2.3 s，可明显察觉到的列车通过时长白天 10~13 s、夜间 20~28 s。频谱测量结果表明，铁路噪声峰值分布在 31.5~125 Hz、次峰值分布在 500~1 250 Hz。

2．噪声影响

京津城际铁路动车组以较低的速度运行时（250 km/h 以下），铁路噪声以轮轨噪声为主，噪声源强较低。此时，工程实施的无缝长轨、柔性衬垫和声屏障等降噪措施发挥了明显的降噪作用，铁路对周围声环境基本无影响。当动车组时速达到 330~350 km 时，噪声主要由气动噪声和轮轨噪声组成，从存在高强度低频噪声的角度判断，线路和高架结构很可能产生了结构噪声。铁路噪声以低频噪声为主，低频噪声的绕射特性决定了声屏障的降噪作用有限、噪声的衰减也很慢，当距离由 30 m 增加到 120 m 时，普速铁路的噪声通常衰减 9~11 dB，而京津城际铁路噪声仅衰减 3 dB 左右。可见，高速铁路的噪声影响比普速铁路要严重得多。

依据验收监测中环境噪声的监测结果，以 2 类区声环境质量标准衡量，昼间 120 m 外区域基本不受高速铁路的噪声影响，夜间 180 m 外区域基本不受影响。由于声屏障高度有限、防护作用消失，铁路噪声直达两侧高层住宅的较高楼层，所以高楼层比靠近地面的几层受到的噪声影响更大。京津城际铁路采用小编组、高频次的公交化运行方案，夜间的小时车流为 7~8 列，其突发噪声最大值超过 4 类区声环境质量标准 26~29 dB、超过 2 类区声环境质量标准 31~34 dB，频繁、短促、强烈的突发噪声对沿线居民的睡眠产生严重影响。

验收调查中，采取走访、发放调查表、咨询等形式开展公众意见调查。京津城际乡村段（时速250 km以上路段）沿线居民对铁路的负面影响反映强烈，在接受问卷调查的249人中，反映"铁路噪声太大、影响休息、令人生厌"的比例高达91%。

验收调查的情况表明，京津城际铁路的噪声影响程度和影响范围都远远大于以往的普速铁路，在采取了当时可以采取的几乎全部降噪措施的情况下，铁路仍然对线路两侧100 m范围内的人群产生了严重的噪声影响。

二、京津城际铁路噪声影响——声环境影响后评价阶段

2019年4月下旬，沈阳环境科学研究院开展了京津城际铁路噪声环境影响后评价监测[53]。后评价阶段，每日开行动车组136对，动车组运行速度300 km/h以上时桥梁段噪声监测结果如表3-10。

表3-10 京津城际铁路桥梁段噪声（1 h等效连续A声级）

单位：dB（A）

测点里程	桥梁高度/m	距线路外侧中心线距离/m				说明
		30	60	120	240	
DK15+500	15	58.3	58.7	55.1	54.3	有声屏障
DK70+070	8	61.6	61.8	60.1	56.6	无声屏障

注：2019年4月25日10:30—11:30的1 h平均值。夜间按同等运行条件，采用昼间数据类比。

由表3-10可知，安装声屏障区段，30 m处达到边界限值要求；60 m内1小时L_{eq}可满足4b类昼间标准70 dB（A）的要求，不能满足4b类夜间标准55 dB（A）的要求；60 m外（60～120 m）1小时L_{eq}可满足2类昼间标准60 dB（A）的要求，不能满足2类夜间标准50 dB（A）的要求。

无声屏障区段，30 m处达到昼间边界限值要求，超过夜间边界限值要求；60 m内1小时L_{eq}可满足4b类昼间标准70 dB（A）的要求，但不能满足4b类夜间标准55 dB（A）的要求；60 m外（60～120 m）1小时L_{eq}不能满足2类标准60 dB（A）的要求。

第四章 高速铁路运营期环境振动

高速列车通过线路时引起的振动属于高速铁路运输自身产生的振动，是高速列车正常运行过程中不可避免的基本振动。高速铁路运行引起的地面振动不但影响沿线居民的生活和工作环境，对振动环境造成污染，而且还会影响沿线建筑物安全和精密仪器的制造和正常使用。高速列车运行带来的环境振动问题已成为影响高速铁路可持续发展的制约因素之一，《新时代交通强国铁路先行规划纲要》将"有效防治铁路沿线噪声、振动影响"列为发挥节能环保的绿色铁路优势主要任务之一。

第一节　高速铁路环境振动的产生与传播

当高速列车运行时，车轮与钢轨撞击产生振动（车辆和轨道系统的耦合振动），振动依次通过轨道系统、支承结构、周围岩土体，传递到振动接收点（如敏感建筑物），在建筑物内可能产生可感知的振动和（或）能听到的地面诱导结构噪声，对周围环境产生振动干扰，从而对沿线居民住宅、医院、学校等振动环境敏感点产生负面影响。较大的铁路振动会产生环境振动污染，其振源、传播途径及受振体系统见图 4-1[54-55]。影响高速铁路环境振动的主要因素有列车类型、运行速度、线路结构、地质条件、建筑物类型等。

一、高速铁路振动激励机理[54-57]

高速铁路产生环境振动的主要机理可归纳为六类：准静态机理、参数激励机理、钢轨不连续机理、轮轨粗糙度机理、波速机理、横向激励机理。

（1）准静态机理也可称为移动荷载机理，该机理由列车移动荷载引起的轨道和支承介质的移动变形，在固定位置为时变动态作用，并在轨道和地面产生弯曲波。该效应在轨道附近很显著，列车通过时可以模拟为施加于钢轨上的移动静态集中荷载列。准静态效应对 0～20 Hz 的低频响应有重要贡献。

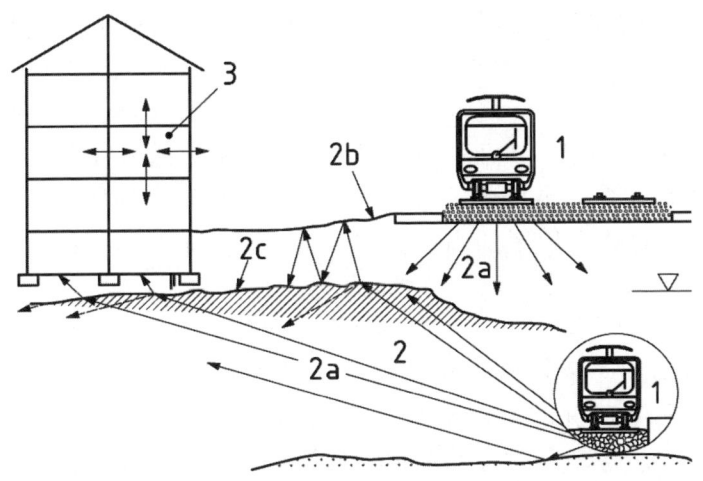

1—振源;2—传播途径[2a—体波(压缩波、剪切波);2b—表面波(瑞利波、勒夫波);2c—界面波(斯通利波)];3—受振体(振动、二次辐射噪声);4—地下水位。

图 4-1 高速铁路振源、传播途径及受振体系统示意
(来源:GB/T 33521.1—2017/ISO 14837-1:2005)

(2)参数激励机理的根源是钢轨在等间距扣件处的离散周期性支承。对具有离散钢轨支承的轨道,如道砟上的轨枕,车辆和轨道受移动动态力激励。车辆速度和支撑间距确定了支承通过频率,轴距和车辆转向架间距产生其他谐波成分,一旦这些频率与车辆和轨道系统的固有频率一致,则在车辆轨道和周围环境间产生相当大的激励。

(3)钢轨不连续机理主要认为在钢轨接头、道岔、交叉处的高差,在这些部位,车轮对钢轨施加了冲击荷载,轮轨相互作用力明显增大。高速铁路广泛采用无缝线路,这一作用就变得不重要了。钢轨不连续产生的冲击虽然振动水平较高,但持续时间很短,频率较高,在轨道结构、路基和地层中传播时衰减较快。

(4)轮轨粗糙度机理来源于钢轨轨面和车轮踏面粗糙度。通常情况下,粗糙度引起的强迫激励对环境振动的贡献最大。某

些情况下高速列车运行会产生严重的轮轨粗糙度，如钢轨波浪形磨耗。

（5）波速机理。当列车速度接近或超过地层中的瑞利（Rayleigh）波速（地面线路）、剪切波速（地下线路）或在轨道中传播的弯曲波的最小相速度时，将产生很大的轨道振动和地面振动。对软土地区的高速铁路，当高速列车的速度接近或超过地层的 Rayleigh 波速时，地面振动将大幅增大。

（6）横向激励机理主要包括横向轨道不平顺、离心力、车辆蛇形运动和车辆摆振，当高速列车通过小半径曲线和通过道岔时，横向激励机理表现较为明显。

此外，行车条件（列车加速或制动减速）、车辆悬挂、钢轨硬度、极端环境条件等也对振动激励有一定影响。

二、高速铁路振动传播[54-57]

对地面线路及高架线路，地传振动大部分以表面波传播。对隧道线路，地传振动的传播通过压缩波和剪切波传播，在距隧道某一距离处，表面波占主导地位，并和隧道深度有关。

在振动传播过程中，波的衰减有两种机理：几何衰减和材料阻尼衰减。几何衰减又称辐射衰减，即随着传播距离的增大波的振幅减小。几何衰减与频率无关，对瑞利波传播的影响最小。材料阻尼的本质是摩擦耗能，当波通过振动介质传播时，高频衰减得比低频快。在研究振动的远距离传播时，需要考虑材料阻尼的影响。由于岩土体的阻尼效应，振动频谱形状随距离改变，在远距离处，低频占主导地位，这与传播途径上岩土体的性质有关。

岩土体这种振动传播介质的高度不均匀性、各向异性，导致振动在岩土体中的传播问题是非常复杂的。

传入受振体的地传振动和地面诱导结构噪声的重要频率范围是 1~250 Hz，当传播介质为岩石，或者建筑物直接与隧道或基岩接触，或者建筑物与隧道间距离很近时，受振体可接收到更高的频率成分。

对建筑物内的人员而言,地传振动的感知重点关注 1~80 Hz,地面诱导结构噪声主要考虑 16~250 Hz。对建筑物内的振动敏感设备,地传振动重点关注 1~200 Hz。地传振动对建筑物的影响则主要关注 1~500 Hz。

第二节　高速铁路环境振动的影响

1. 铁路环境振动对人的影响

能被人感觉到的振动频率范围在 1~1 000 Hz,而人对频率范围在 1~100 Hz 的振动感觉比较敏感,特别是对频率低于 16 Hz 的低频振动,人的感觉更为敏感。这主要是由于人体各种器官的共振频率集中在这个范围。当振动加速度级在 65 dB 以下时,一般对睡眠影响不大,但当达到 70 dB 后就会使人难以入睡,到 80 dB 则会惊醒所有人。

持久性、小振幅的环境振动达到一定等级不仅影响人们的睡眠、休息和学习,干扰人们的日常生活,甚至会影响人们的情绪。当振动比较强烈时,会造成人体骨骼、肌肉、关节及韧带的严重损伤,消化系统肠胃蠕动增加、胃液分泌和消化系统能力下降,肝脏的解毒功能代谢发生障碍,还会使神经系统出现交感神经兴奋、腱反射减退或消失、手指颤动和失眠等症状。许多人对振动都很敏感,易出现心情烦躁、心理失衡现象。

2. 铁路环境振动对精密仪器设备的影响

高速铁路振动在一定程度上会对敏感设备产生干扰或会明显加强建筑物的背景振动水平并对其内部的敏感设备产生干扰。许多精密仪器、设备对环境振动的要求都属于微振范围,如果距离高速铁路较近,环境振动超过了其允许值可能造成生产设备加工精度下降,产品不合格率增加;试验装置无法进行试验,产生错误的试验数据;检测、测量设备误差增大,无法读取测量结果;一些精密传感器，轻微的振动就可能引起误动作，甚至造成仪器、设备的损坏，产生难以预计的后果。对沿线范围内精密仪器、设备的生产和正常使用而言，高速铁路环境振动已成为一个亟待解决的问题，若其不能得到有效的治理，将会给经济和科研带来不可估量的影响。

在中国台湾地区，台北至高雄之间的高速铁路对台湾南部科学工业园区（主要是半导体业、光电产业、精密机械等振动敏感产业）的振动影响曾导致部分电子厂商出走。南科高铁减振工程耗资 80.5 亿新台币（约合人民币 20.13 亿元），由此引发的南科高铁减振案在当地引起了不小的风波。

3. 铁路环境振动对（古旧）建筑物的影响

虽然铁路引起的环境振动振幅和能量都比较小，从建筑物安全的角度看，不会造成像地震那样的剧烈损害。但是，由于铁路振动的作用是长期存在和反复发生的，这种持久性的小幅环境振动的反复作用会使建筑结构的强度降低，从而出现裂缝或者引起结构变形，最终影响建筑物的安全和正常使用。在捷克，繁忙的公路或轨道交通线附近的一些砖石结构的古建筑因车辆通过时引起振动而产生裂缝，甚至发生了由于裂缝不断扩大而导致古教堂倒塌的恶性事件。

焦枝铁路洛阳至龙门段穿越世界文化遗产、全国重点文物保护单位——洛阳龙门石窟保护范围，伊河铁路大桥距离西山最近石窟约 900 m，东山铁路隧道距最近石窟约 700 m。长期以来，焦枝铁路运行振动对龙门石窟文物的影响问题一直受到各级政府和文物保护部门的关注。20 世纪 80 年代，龙门石窟保护管理机构就委托专业部门开展了焦枝铁路对龙门石窟的振动监测。1990 年，焦枝铁路复线建设时，《国务院关于焦枝铁路复线洛阳至龙门段走向问题的批复》（国函〔1990〕36 号）要求：焦枝铁路复线洛阳至龙门段，采取伊河大桥保留不动、铁路隧道东移 700 m 的双线绕行设计方案；铁路部门对伊河大桥要采取有效的减振措施，双线绕行隧道的设计及施工也要采取相应的减振措施。20 世纪 90 年代初，铁道部第四勘察设计院的调查测算表明，列车运行的振动传到龙门石窟宾阳洞时的振动速度最大值为 0.87 μm/s，传到万佛沟的最大振动速度为 3.3 μm/s，均远小于控制标准 100 μm/s，因此列车的振动不会让龙门石窟文物产生裂纹或者使原有的裂纹扩大，但对于大多数石雕文物仍是有较为微弱的有害影响。目前，焦枝铁路龙门石窟段每天通过列车约 150 次。2018 年，洛阳市政府就焦枝铁路对龙门石窟影响问题召开专题会议，龙门园区管委会委托专业资质机构开展焦枝铁路火车振动对龙门石窟影响评估，并根据评估结果开展相关工作，确保了龙门石窟的文物安全。

京沪高铁、沪宁城际苏州段在选线阶段，均考虑了高速铁路振动对苏州虎丘塔的影响。1998 年，铁道部第四勘察设计院、中国科学院力学研究所、中国文物研究所、中国地震局工程力学研究所北京强震观测中心等单位联合开展了《高速列车运行振动对虎丘塔稳定性评估试验研究》科技攻关，得出的结论是：高速列车在时速 250 km 至 350 km 运行时，产生的振动对虎丘塔的影响非常小，可以忽略不计。

京张高铁新八达岭隧道与水关长城并行并两次穿越八达岭长城世界文化遗产核心区，为了保护长城及周边文物，新八达岭隧道铺设了减振型无砟轨道，八达岭长城站最大埋深超过 102 m，是目前世界上埋深最大的高速铁路地下站。

第三节　高速铁路环境振动预测方法

一、振动预测模型[54-55]

高速铁路环境振动预测模型应考虑的基本分量包括：振源、传播途径和受振体。地传振动或地面诱导结构噪声的振级或声级 $A(f)$ 可表示成振源 $S(f)$、传播途径 $P(f)$ 和受振体 $R(f)$ 的函数，f 指频率。$S(f)$ 是预测的基础，可以是轮轨接触面的激励函数，或者是指定地点（隧道仰拱、隧道壁、隧道一侧或轨道平面一侧的地面）的振动响应（速度或加速度）。

振动预测模型包括参数模型和经验模型两大类。

1. 参数模型

参数模型包括代数模型和数值模型。参数模型是确定性的，依赖于输入数据的准确性，对于给定的输入数据，模型会给出唯一的预测结果。

参数模型需要详细考虑模型的物理维数（一维、二维、三维）和随模型维数增加而提高的相关精度。模型地质资料包括土壤剖面（包括地下水位）和对应的损失因子、土壤密度和波的传播速度、剪切模量等。宜通过测量波的传播速度来获取土壤参数，最理想的是以深度和水饱和度的函数形式给出。不宜从静态测量中获取剪切模量。剪切模量必须适用于产生地传振动和（或）地面诱导结构噪声的小应变情况。

（1）代数模型。

代数模型简化时考虑的因素：

① 明确限定条件，包括有效的频率范围和波的类型。

② 仅限定于一种波的传播预测可导致重大误差。如距离深埋隧道一定范围时，匀质地基中压缩波占主导地位，但在近距离时剪切波更为明显。此外，还存在波的转化，在界面处尤为多见，最终在地表面形成瑞利波。

③ 如果使用损失因子，应考虑它和频率的相关性。

④ 振源的相关性和有效性。对于铁路隧道，优选道床作为振源（尽管测量难度很大）。也可将隧道壁作为振源，前提条件是判定其振动水平和道床相当。对于地面轨道系统，可将距轨道指定距离的地表面振动作为振源。

代数解也可用于解决振动在不同土壤类型界面间的反射与传导，解决振动在分层介质内的传播。该方法仅适用于阻抗值相差较大的两个土层界面的情况，并且各层均为匀质各向同性介质。

复杂情况下的岩土结构相互作用和建筑物响应都难以求出代数解，通常使用数值解或经验数据求解。

（2）数值模型。

当与系统相关的信息充分时，数值解是一种预测振动产生（源）和传播的方法。数值模型包括有限元模型、有限差分模型和边界元模型。对所有的数值模型，宜确定时间步长和单元网格大小的影响。

① 有限元法（FEM）。

在有限元模型中，系统可用单元网格表示，模型采用迭代法求解连续方程。为避免边界反射对结果的影响，模型的边界采用适当的单元很重要。

② 有限差分法（FDM）。

有限差分法模型是使用有限时间间隔的微分方程对动态系统进行离散，在时域内对每一单元逐步计算。

③ 边界元法（BEM）。

边界元法模型是一种可得出其格林函数的有效方法。边界元法所需的单元仅定义在模型的表面。在地传振动预测中，边界元法非常适用于模拟地面的半无限特性，避免了边界波的反射，不需要像FEM一样详细定义边界条件。

（3）混合模型。

有限元和有限差分模型用于计算靠近振源解；而边界元法具有计算量小的特点，通过自由反射边界解决从振源到受振体（近场到远场）的传播。

在有限元和有限差分模型中，必须量化由边界反射引起的结果误差。但在边界元法模型中没有此必要，因为不涉及边界反射问题。

2．经验模型

经验模型通过对测量数据使用外推法或内推法得到。对测量数据外推宜采用插入增益或传递函数模量，但是宜以物理现象的解释为依据，通过代数/解析方法解释基本现象。

（1）经验模型的类型。

经验模型分为单点模型和多点模型两个主要类型。

① 单点模型。

对单点的测量数据外推可得到待评估的新地点数据。外推函数应基于其他地点的测量数据库、分析结果或规范引用专家意见推导得到。

通常，单点模型适用于单个地点的评估，即在单个地点建设建筑物时的减振需求评估。考虑到高速铁路系统的参数会沿全线变化，评估宜采用多点模型。

② 多点模型。

预测模型可由多个地点测得的大型数据库中的数据通过回归分析和趋势分析得到。数据库应包含所有重要参数的变化，因为参数的变化会使测量地点和评估地点的地传振动和（或）地面诱导噪声发生改变。

一般地，对于多点模型，相应的数据库中测点的数量应取决于评估地点和测量（数据库）地点存在差异的重要参数的数量，以及差异的大小程度；同时也和存在差异量值的数量有关。

用于上述模型的数据库应包含不同轨道、不同列车类型运行的大量测试数据，以便量化测点处不同列车、列车类型和轨道类型的变化。

（2）经验模型的形式。

经验模型需要对基本物理特性进行简化，是对分量进行解耦。

① 预测地传振动的经验模型的基本构架：

$$A(f) = S(f) \cdot P(f) \cdot R(f)$$

式中，$S(f)$ 与振源参考值、车辆、钢轨、轨道形式、下部支承结构、速度等有关；$P(f)$ 与下部支承结构、传播路径等有关；$R(f)$ 与地面和结构等有关。

② 预测地面结构噪声的经验模型的基本构架：

$$L(f) = S'(f) + P'(f) + R'(f)$$

类似地，$R'(f)$ 还与辐射有关。

3．半经验模型

半经验模型是参数模型和经验模型的结合。在该模型中，一个或多个经验分量或参数由解析量或部分完成工程的控制测量值替代。该模型常用于扩展经验模型，以便于环境评价，支持详细设计。一般被修改的部分是振源参数（隧道、轨道和机车车辆设计）和受振体参数（基础和建筑物设计）。

半经验模型可使经验数据的统计置信度与理论分析手段相结合，用于支持详细设计。

二、模式预测法

高速铁路环境振动预测方法的选择应根据工程的具体特点确定。我国现行的铁路环境振动预测方法主要采用《铁路建设项目环境影响评价噪声振动源强取值和治理原则指导意见（2010年修订稿）》（铁计〔2010〕44号）中推荐的模式预测法和类比预测法。采用类比预测法时，应注意类比对象的可比性，并作必要的可比性说明。下面主要说明模式预测法的使用要求和计算方法[39]。

1．模式预测法的特点和适用范围

模式预测法主要依据振动传播理论，建立经验预测公式，给出定量预测结果。采用模式法预测铁路环境振动时，主要需考虑铁路振动源的特点以及在传播过程中各种因素引起的衰减。与振动源有关的修正参数主要有列车类型、列车速度、轴重、线路和轨道结构等。传播过程中产生衰减的因素主要有地质条件、距离、建筑物类型等。

模式预测法原则上适用于所有项目。选用计算模式时，应特别注意模式的使用条件和参数的选取，如实际情况不能很好满足模式的应用条件时，需对主要模式进行修正并进行必要的验证。

2．模式预测法的基本计算式

铁路环境振动 VL_Z 的基本预测计算式如式（4-1）所示：

$$VL_Z = \frac{1}{n}\sum_{i=1}^{n}(VL_{Z0,i} + C_i) \qquad (4\text{-}1)$$

式中　$VL_{Z0,i}$——振动源强，第 i 列列车通过时段的最大 Z 计权振动级，dB；

　　　C_i——第 i 列列车的振动修正项，dB；

　　　n——列车通过的列数，按《城市区域环境振动测量方法》（GB/T 10071—88）的要求，n 取 20 列。

振动修正项 C_i 按式（4-2）计算：

$$C_i = C_V + C_W + C_L + C_R + C_H + C_G + C_D + C_B \qquad (4\text{-}2)$$

式中　C_V——速度修正，dB；

　　　C_W——轴重修正，dB；

　　　C_L——线路类型修正，dB；

　　　C_R——轨道类型修正，dB；

　　　C_H——桥梁高度修正，dB；

　　　C_G——地质修正，dB；

　　　C_D——距离修正，dB；

　　　C_B——建筑物类型修正，dB。

（1）速度修正 C_V。

列车运行振动的速度修正可以对振动源强进行修正，也可直接给出不同速度下的振动源强值，《铁路建设项目环境影响评价噪声振动源强取值和治理原则指导意见（2010 年修订稿）》采取后者。

预测时的列车运行计算速度，应尽量接近预测点对应区段正式运行时的列车通过速度，不应按最高设计列车运行速度计算。列车速度的确定应考虑不同列车类型、起动加速、制动减速、区间通过、限速运行等因素的影响。预测计算速度可按设计最高速度的 90% 确定。

（2）轴重修正 C_W。

当列车轴重与源强表中给定的轴重不同时，其轴重修正 C_W 可按式（4-3）计算：

$$C_W = 20\lg\frac{W}{W_o} \quad (4-3)$$

式中　W_0——参考轴重；

　　　W——预测车辆的轴重。

（3）线路类型修正 C_L。

距线路中心线 30~60 m，对于冲积层地质，路堑线路振动相对于路堤线路 $C_L = 2.5$ dB。由于路堑条件较为复杂，鼓励采用类比监测的方法确定修正量。由于目前缺乏不同路堤高度振动影响实测数据，鼓励采用类比监测的方法确定修正量。

根据沈阳铁路局对秦沈客运专线铁路路堤段环境振动测试成果（表4-1），在相同线路类型和地貌条件下，随着路堤高度的增加，环境振动值将降低[58]。

表 4-1　秦沈客运专线不同路堤高度时铁路环境振动监测结果

单位：dB

监测时间	列车车次	上下行	路堤高度 1 m	路堤高度 3.5 m	路堤高度 5 m
8:22	D4	上行	79.3	75.5	73.5
9:20	D10	上行	79.4	75.9	74.4
10:50	D1	下行	79.6	75.8	74.3
13:10	D5	下行	79.8	76	74.6
13:20	D2	上行	79.5	76.1	73.8
13:30	D28	上行	79.7	75.9	74.4
14:20	D6	上行	79.6	76.2	74.7

由表 4-1 可知，在距离线路外轨 30 m 处，路堤高度由 1 m 升

高至 3.5 m 时,振动值减少 3.4～3.8 dB;路堤高度升至 5 m 时,振动值减少 4.9～5.8 dB。这是由于增加了弹性,提高低频区隔振效果,振动经衰减所致。

(4)轨道类型修正 C_R。

轨道类型正 C_R 的取值如下:

无砟轨道(无隔振垫)相对于有砟轨道(无隔振垫):

$$C_R = 3 \text{ dB}$$

无砟轨道(无隔振垫)相对于无砟轨道(有隔振垫):

$$C_R = 3 \text{ dB}$$

如对具体轨道类型的修正值在其他规范中有规定的,应执行相应规范的规定。

(5)地质修正 C_G。

根据对振动的影响,地质条件可分为 3 类,即软土地质、冲积层地质、洪积层地质。

相对于冲积层地质,洪积层地质修正:

$$C_G = -4 \text{ dB}$$

相对于冲积层地质,软土地质修正:

$$C_G = 4 \text{ dB}$$

特殊地质条件下的修正,宜通过类比测量获取修正数据。

注:由于地质条件较为复杂,鼓励采用类比监测的方法确定修正量。

(6)距离修正 C_D。

距离修正 C_D 可按式(4-4)计算:

$$C_D = -10 k_R \lg \frac{d}{d_o} \tag{4-4}$$

式中　d_o——参考距离。

d —— 预测点到线路中心线的距离。

k_R —— 距离修正系数，与线路结构有关。当 $d \leqslant 30$ m 时，$k_R = 1$；当 $30 \text{ m} < d \leqslant 60 \text{ m}$ 时，$k_R = 2$。

（7）建筑物类型修正 C_B。

不同建筑物室内对振动的响应不同。预测建筑物室外 0.5 m 振动时，应根据建筑物类型进行修正。一般将各类建筑物划分为三种类型进行修正：

Ⅰ 类建筑为良好基础、框架结构的高层建筑：

$$C_B = -10 \text{ dB}$$

Ⅱ 类建筑为较好基础、砖墙结构的中层建筑：

$$C_B = -5 \text{ dB}$$

Ⅲ 类建筑为一般基础的平房建筑：

$$C_B = 0 \text{ dB}$$

由于 Ⅲ 类建筑物差别较大，情况比较复杂，应尽量采用类比预测法，即选择类似建筑物，通过实测室内外振动的传递衰减，确定修正值。

三、类比预测法

类比预测法与模式预测法比较，避开了模式预测法中影响预测准确的许多因素，如线路类型、地质条件、建筑物结构等，使预测结果具有较高的可靠性，因此应优先采用。对于改扩建项目，应尽量利用既有线的有利条件，采用类比预测法或以类比预测法为基础进行适当修正的预测方法。

四、中国动车组振动源强

根据京津城际、武广、郑西三条速度 350 km/h 无砟轨道高速铁路，石太、合宁、合武三条速度 250 km/h 有砟轨道高速铁路整体系统联调联试及试运营综合试验振动源特性现场试验，《铁路建设项目环境影响评价噪声振动源强取值和治理原则指导意见（2010年修订稿）》（铁计〔2010〕44号）给出了中国动车组振动源强，见表 4-2。

线路条件：高速铁路，无缝、60 kg/m 钢轨，轨面状况良好，混凝土轨枕，平直、路堤线路；桥梁线路，13.4 m 桥面宽度的箱型梁。

地质条件：冲积层地质。

轴重：16 t。

参考点位置：距列车运行线路中心 30 m 的地面处。

表 4-2　动车组振动源强　　　　　单位：dB

车速/(km/h)	路堤线路		桥梁线路	
	无砟轨道	有砟轨道	无砟轨道	有砟轨道
160	70.0	76.0	66.0	67.5
170	70.5	76.5	66.5	68.0
180	71.0	77.0	67.0	69.0
190	71.5	77.5	67.5	69.5
200	72.0	78.0	68.0	70.5
210	72.5	78.5	68.5	71.5
220	73.0	79.0	69.0	72.5
230	73.5	79.5	69.5	73.5
240	74.0	80.0	70.0	74.0
250	74.5	80.5	70.5	74.5
260	75.0	81.0	71.0	75.0
270	75.5	81.5	71.5	75.5
280	76.0		72.0	
290	76.5		72.5	
300	77.0		73.0	
310	77.5		73.5	
320	78.0		74.0	
330	78.5		74.5	
340	79.0		75.0	
350	79.5		75.5	

随着高速铁路系统工程技术条件的不断改进，应根据实际试验数据适时调整。

五、中国高速铁路环境振动状况

辜小安（2017）给出了我国高速铁路环境振动测试统计结果[59]，对于速度目标值为 350 km/h 等级的高速铁路，依据《城市区域环境振动测量方法》（GB 10071—88），当动车组运行速度为 300~350 km/h 时，其环境振动影响测量结果：距离高速铁路线路 30 m 处，铅垂向最大 Z 振级 VL_{zmax} 为 59.8~76.2 dB，一般路基线路振动影响高于桥梁线路 1~3 dB，能满足《城市区域环境振动标准》（GB 10070—88）中 80 dB 的限值要求。

对于速度目标值为 250 km/h 等级的高速铁路，依据《城市区域环境振动测量方法》（GB 10071—88），当动车组运行速度为 200~250 km/h 时，其环境振动影响测量结果：距离高速铁路线路 30 m 处，铅垂向最大 Z 振级 VL_{zmax} 为 60.6~75.7 dB，大部分路基线路振动影响高于桥梁线路 1~3 dB，能满足《城市区域环境振动标准》（GB 10070—88）中 80 dB 的限值要求。

第四节 高速铁路环境振动测试实例

作为我国第四条、西南地区第一条时速 350 km 运营高铁，成渝高铁是我国"八纵八横"高铁主通道沿江通道的重要组成部分，是成渝地区双城经济圈城际铁路网的主骨架，线路全长 299.8 km，设计速度 350 km/h，轨道采用 CRTS I 型双块式无砟轨道。对成渝高速铁路某桥梁段和路堤段三向地面振动进行了现场测试，分析了计权和未计权振动总值随距离的变化特性，并对比了以分贝数表示的计权振动总值与 Z 振级之间的关系[60-62]。

1．现场测试

（1）测点布置。

现场测试地点分别为成渝高速铁路简阳市境内某高架桥段和相邻路堤段，测点处列车运行速度（295±5）km/h，运营列车主要为 16 辆 CRH380D 型动车组。以线路方向为 x 轴（纵向），水平面内垂直于线路方向为 y 轴（横向），地面竖直向下为 z 轴（垂向）。沿 y 轴方向共布置 5 个测点，距桥梁中心线距离分别为 7.5 m、15 m、22.5 m、30 m、45 m，距路堤中心线距离分别为 20 m、30 m、45 m、60 m、75 m。在各个测点均布置纵向、横向、垂向加速度拾振器。

（2）测试设备。

地面三向振动数据采集采用 INV3062-C1（S）24 位智能数据采集系统，拾振器为 941B 型垂向（V）和水平向（H）低频振动传感器。地面振动主要关注 1~80 Hz 频率范围，根据《环境振动监测技术规范》（HJ 918—2017），采样频率为 640 Hz。

路堤段共测试 22 趟、高架桥段共测试 15 趟动车组通过时的地面三向振动加速度。

（3）三向振动测试结果。

路堤段地面三向振动加速度有效值测试结果如表 4-3 所示。

表 4-3 路堤段地面三向振动加速度有效值

距离/m	计权/(mm/s²)			计权/dB		
	x 向	y 向	z 向	x 向	y 向	z 向
20	1.78	3.2	7.45	65.0	70.1	77.4
30	1.29	0.74	2.76	62.2	57.4	68.8
45	0.52	0.52	0.96	54.3	54.3	59.6
60	0.57	0.40	0.55	55.1	52.0	54.8
75	0.30	0.24	0.41	49.5	47.6	52.3

路堤段垂向振动优势频率近场 20~45 Hz，远场集中在 22.4 Hz 左右。水平向振动优势频率近场 30~64 Hz，远场纵向集中在 30 Hz

左右、横向集中于 9.6 Hz。

高架桥段地面三向振动加速度有效值测试结果如表 4-4 所示。

表 4-4 高架桥段地面三向振动加速度有效值

距离/m	计权/(mm/s²)			计权/dB		
	x 向	y 向	z 向	x 向	y 向	z 向
7.5	2.52	4.09	8.13	68.0	72.2	78.2
15	2.35	3.44	6.93	67.4	70.7	76.8
22.5	1.41	2.33	4.60	63.0	67.3	73.3
30	1.17	1.36	3.21	61.4	62.7	70.1
45	1.47	1.46	2.75	63.3	63.3	68.8

高架桥段垂向振动优势频率近场 10～40 Hz，远场则集中于 10 Hz。水平向振动优势频率近场 10～64 Hz，远场 10～40 Hz。

2．路基段环境振动随距离的变化

未计权的振动加速度是客观量，反映了振动幅值绝对值大小。计权后的加速度振级（简称振级）是主观量，反映了人体对于振动的响应。根据 ISO 2631-1: 1997 给出的 1/3 倍频程下基本频率计权，对垂向振动采用 W_k 计权，纵向、横向振动采用 W_d 计权。W_d 与 W_k 计权曲线如图 4-2 所示。

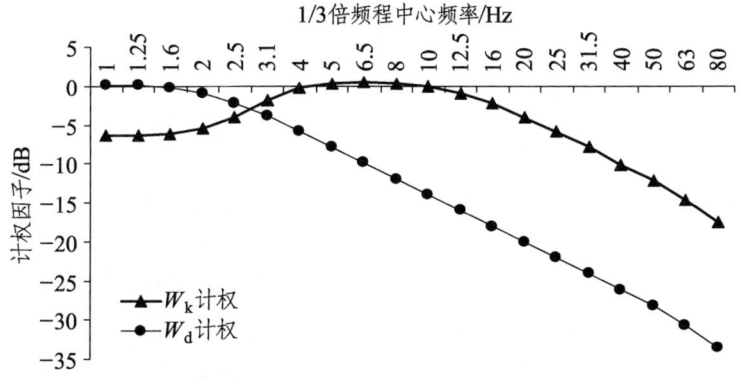

图 4-2　W_d 与 W_k 计权曲线

拟合结果表明，路基段垂向（Z）计权振级随距离的变化规律可表示为

$$VL_Z = 58.76e^{-x/33.22} + 46.37$$

路基段水平向（X、Y）计权振级随距离的变化规律可表示为

$$VL_X = 35.72e^{-x/33.16} + 48.39$$

$$VL_Y = 78.42e^{-x/14.31} + 51.89$$

式中　VL——计权振级，dB；

　　　x——测点距离线路中心线的距离，m。

3．桥梁段环境振动随距离的变化

拟合结果表明，桥梁段垂向（Z）计权振级随距离的变化规律可表示为

$$VL_Z = 19.36e^{-x/34.13} + 63.19$$

桥梁段水平向（X、Y）计权振级随距离的变化规律可表示为

$$VL_X = 12.21e^{-x/12.58} + 61.83$$

$$VL_Y = 17.96e^{-x/23.69} + 59.78$$

式中　VL——计权振级，dB；

　　　x——测点距离线路中心线的距离，m。

4．振动总值随距离的变化

目前，铁路振动环境影响评价主要考虑地面垂向振动，但已有研究表明，列车运行产生的水平向振动与垂向振动相当，有时候甚至大于垂向振动。根据 ISO 2631-1:1997，如果振动的优势坐标轴不存在，即垂向、纵向、横向的均方根加速度相差不大，建议用振动总量值或矢量和评价健康和安全，推荐振动总量值 a_v 用于舒适性评价，并鼓励除计权值外还应报告未经计权的均方根加速度。ISO

2631-2:2003 也指出,为了进行建筑物内振动对人舒适性和烦恼影响的评价,优先使用振动总计权值。

根据 ISO 2631-1:1997,正交坐标系下计权均方根加速度的振动总值按下式计算:

$$a_v = \sqrt{k_x^2 a_{wx}^2 + k_y^2 a_{wy}^2 + k_z^2 a_{wz}^2} \qquad (4-5)$$

式中,a_{wx}、a_{wy}、a_{wz} 分别为相应于正交坐标轴 x、y、z 上的计权均方根加速度;k_x、k_y、k_z 分别为方向因数。

对立姿人体,方向因数 k_x、k_y、k_z 均取 1,此时振动总值计算公式为

$$a_v = \sqrt{a_{wx}^2 + a_{wy}^2 + a_{wz}^2} \qquad (4-6)$$

如果任一坐标轴上确定的计权值不足同一点在其他坐标轴上所确定的最大值的 25%,则该计权值可略去不计。

对水平向(x 向和 y 向),采用 W_d 计权;对垂向(z 向),采用 W_k 计权。

(1)路堤段振动总值随距离的变化。

由表 4-3 可知,路堤段不同距离处的三向计权加速度值处于同一数量级,均大于同一点在其他坐标轴上最大值的 25%,因此,三个坐标轴上的计权加速度值均参与振动总值的计算。由式(4-6)可得路堤段不同距离处的计权振动总值,如图 4-3 所示。

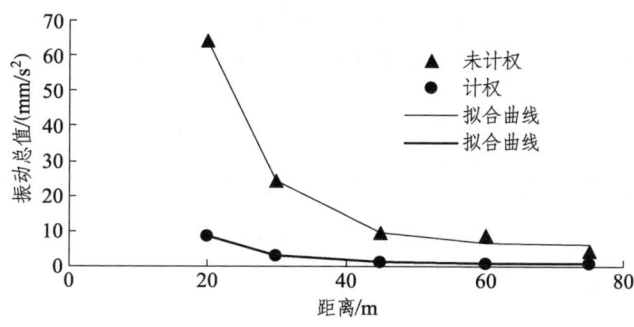

图 4-3 路堤段振动总值随距离的变化

路堤段计权振动总值 a_v 随横向距离 y 的变化关系可用负指数函数拟合为

$$a_v = 0.688\ 4 + 71.46 e^{-y/8.926}$$

（2）高架桥段振动总值随距离的变化。

由表 4-4 可知，高架桥段不同距离处的三向计权加速度值均大于同一点在其他坐标轴上最大值的 25%，因此均参与振动总值的计算。由式（4-6）可得高架桥段不同距离处的计权振动总值，如图 4-4 所示。

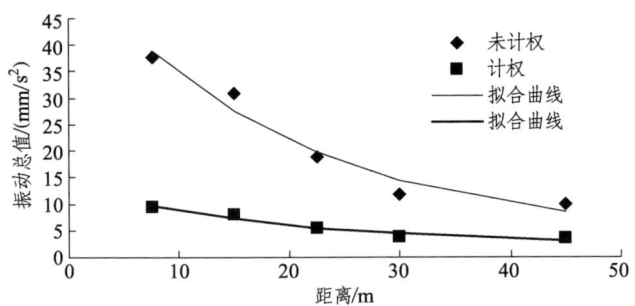

图 4-4　高架桥段振动总值随距离的变化

高架桥段计权振动总值 a_v 随横向距离 y 的变化关系可拟合为

$$a_v = 1.954 + 11.512 e^{-y/19.249}$$

可见，路堤段和高架桥段计权和未计权振动总值均随距离增加而衰减，近似呈负指数函数关系；近场衰减快，远场衰减缓慢，且未计权振动总值比计权振动总值的衰减更为迅速。

5．振动总值与 Z 振级的比较

Z 振级是常用的振动环境影响评价指标，图 4-5、图 4-6 分别给出了以分贝数表示的路堤段和高架桥段计权振动总值与 Z 振级之间的关系。

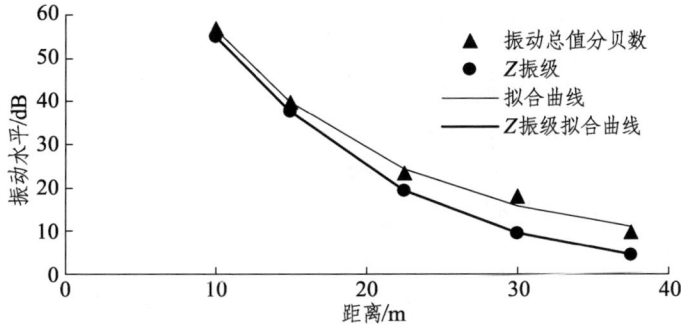

图 4-5 路堤段振动总值与 Z 振级

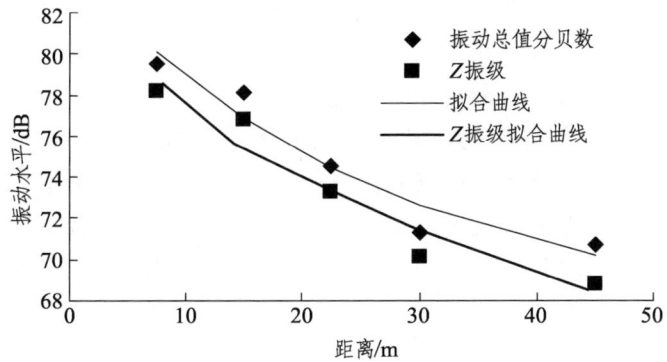

图 4-6 高架桥段振动总值与 Z 振级

以分贝数表示的路堤段计权振动总值 VL_a 和 VL_Z 振级随横向距离 y 的变化关系可用负指数函数拟合为

$$VL_a = 52.547 + 56.457 e^{-y/25.49}$$

$$VL_Z = 48.345 + 61.536 e^{-y/26.855}$$

由图 4-5 可知,路堤段计权振动总值与 Z 振级之间的差值在近场为 0.94~1.11 dB,远场则为 2.01~4.18 dB。

以分贝数表示的高架桥段计权振动总值 VL_a 和 VL_Z 振级随横向距离 y 的变化关系可拟合为

$$VL_a = 66.868 + 17.402 e^{-y/27.136}$$

$$\mathrm{VL}_z = 63.142 + 19.416 \mathrm{e}^{-y/34.182}$$

图 4-6 表明，高架桥段计权振动总值与 Z 振级之间的差值在近场为 1.18~1.33 dB，远场则为 1.96 dB。

由图 4-5、图 4-6 可知，路堤段和高架桥段计权振动总值与 Z 振级随距离的变化规律类似，且近场计权振动总值与 Z 振级之间的差值较小。

未计权振动总值反映了地面三向振动的总能量，计权振动总值则反映了人体对地面三向合成振动强度的主观感受。当关注高速铁路运行引起的地面振动能量传播时，未计权振动总值更为客观、全面；而当评价高速铁路运行振动的环境影响时，近场可用 Z 振级近似代替以分贝数表示的计权振动总值。

路堤段和高架桥段振动总值均随距离增加而近似呈负指数规律衰减，近场衰减快，远场衰减缓慢；计权振动总值与 Z 振级随距离的变化规律类似，且近场两者之间的差值较小。当评价高速铁路运行振动的环境影响时，近场可用 Z 振级近似代替计权振动总值。

第五章 高速铁路运营期其他环境影响

第一节　高速铁路运营期水污染

高速铁路运营期污水主要来源于沿线车站和动车段（所）等产生的生活污水和生产污水，以及动车组集便器污水。动车组采用密闭车体及列车集便器，运行期间不会向车外沿线环境排放污水。

一、生产废水

高速铁路运营期生产废水主要来源于动车段（所）生产污水。动车运用所排放的污水主要为生产污水、生活污水和动车组真空卸污的集便污水，主要污染物为COD_{Cr}、石油类、SS、BOD_5、氨氮。生产污水主要来自两个方面，一方面是生产作业中所产生的含油污水；另一方面是降雨时露天线路及场地上的含油污水。

1. 含油污水

动车组检查、检修时会产生含油污水，表5-1、表5-2为调查收集的部分动车段（所）含油污水水质资料[25]。

表5-1　动车段（所）含油污水水质资料

序号	段（所）名称	pH	SS/(mg/L)	COD_{Cr}/(mg/L)	石油类/(mg/L)
1	广州动车段	7.00~7.80	44.00~92.00	165.00~416.00	6.00~46.00
2	武汉动车段	7.08~7.20	113.00~140.00	97.00~400.00	36.00~58.00
3	广州石碑动车所	7.80	30.00	150.00	20.00
4	郑州东动车所	7.60~7.80	20.00~30.00	130.00~160.00	15.00~20.00

新建动车段（所）含油污水的水质可采用表5-2所列数据[25]。

表 5-2　新建动车段（所）含油污水水质

污染物	含量
pH	7～8
SS/(mg/L)	30～150
COD_{Cr}/(mg/L)	150～420
石油类/(mg/L)	6～60

含油污水是高速铁路生产废水的主要部分，此外，还有动车洗刷污水以及客运洗衣房的洗涤污水。

2．洗刷污水

目前，动车段（所）内动车组洗刷多采用洗车机，配套污水处理设施一般采用调节、沉淀、隔油、生化过滤、机械过滤处理工艺，处理后的污水达到《铁路回用水水质标准》TB/T 3007—2000 要求后再回用于洗车，见图 5-1～图 5-3。

图 5-1　南京南动车运用所内复兴号机械洗刷（20200609 翟荣飞摄）

图 5-2　南京南动车运用所复兴号人工清洗（20200609 丁宇摄）

图 5-3　南宁动车所检修库工作人员对车辆底部构件进行冲水清洁
（新华社记者　曹祎铭　摄，20200411）

动车组洗刷污水的水质如表 5-3 所示[25]。

表 5-3　动车组洗刷污水水质

污染物	含量
pH	6～9
SS/(mg/L)	40～350
COD_{Cr}/(mg/L)	150～420
石油类/(mg/L)	2～30
LAS/(mg/L)	20～30

3．洗涤污水

铁路洗衣房洗涤污水主要是指洗涤列车卧具、窗帘、餐车台布等物品所产生的污水，污水基本上集中排放，生产呈间歇性。其中主要污染物有：pH、SS、COD_{Cr}、BOD_5以及LAS等。

LAS虽属低毒物质，但它对人体、动植物，特别是水生生物的毒害作用已不容忽视。LAS对人体皮肤和肝脏具有一定的损伤作用。LAS使水体的自净作用下降、水质变坏，从而间接地对水生生物产生各种毒性。此外，LAS能使进入水体的石油产品、PCB、PAH等疏水有机物乳化分散，增加了废水处理的难度。LAS还会对废水生物处理中的发酵过程产生不良影响。

洗涤污水的水质如表5-4所示[25]。

表5-4　客运洗衣房洗涤污水水质

污染物	含量
pH	7~9
SS/(mg/L)	40~110
COD_{Cr}/(mg/L)	80~350
LAS/(mg/L)	2~50

4．线路清洗废水

高速铁路道床、隧道在清洗作业时，产生的清洗废水会对排入地表水体的水环境造成影响，见图5-4。

（a）道床清洗作业

（b）隧道清洗作业

图 5-4　济莱高铁章丘段线路清洗（新华社记者　郭绪雷　摄 20220905）

二、生活污水

高速铁路运营期生活污水主要来源于车站和动车段（所）。车站排放的生活污水主要污染物为 COD_{Cr}、BOD_5、SS、氨氮，以 COD_{Cr}、BOD_5 为特征污染物，可生化性强，排水水质为 CODcr 150～200 mg/L，BOD 50～90 mg/L。动车段（所）生活污水主要为高浓度粪便污水。

根据有关铁路局既有车站、段（所）的生活污水水质调查资料，生活污水的水质见表 5-5 所示[25]。

表 5-5　车站、段（所）生活污水的水质

污染物	含量	
	生活污水	高浓度粪便污水
pH	6～9	7～9
SS/(mg/L)	50～200	900～3 000
BOD_5/(mg/L)	30～140	1 300～3 000
COD_{Cr}/(mg/L)	50～220	4 500～7 800
NH_4^+-N/(mg/L)	10～50	1 700～3 300

第二节　高速铁路运营期大气污染

运营期高速铁路大气污染主要来源于动车段（所）生产、生活锅炉排放的燃油、燃气废气（主要污染物为烟尘、SO_2、NO_x），生产活动排放的油漆废气、电焊烟尘（MnO_2 浓度）、探伤粉尘等，以及动车段（所）食堂排放的油烟。动车组没有废气排放，不产生流动大气污染源。

此外，承担高铁动车组应急救援的热备内燃机车运行时会排放少量燃油废气。内燃机车燃烧柴油会直接排放一氧化碳（CO）、氮氧化物（NO_x）、SO_2、C_nH_m（碳氢化合物）和烟尘等大气污染物。内燃机车 CO、NO_x、SO_2、烟尘和 C_nH_m 的排放因子平均值分别为 7.1 g/kg、50.3 g/kg、2.2 g/kg、15.2 g/kg 和 5.1 g/kg。

维修作业时，钢轨打磨会产生大量粉尘，见图 5-5。

图 5-5　钢轨打磨车在郑万高铁郑州东站至郑州南站区段线路上作业（无人机拍摄）（新华社记者 李安 摄，20190718）

1．动车组喷漆废气

动车组喷漆废气来源于动车段车体喷漆库（人工喷漆室、自动喷漆室）喷漆作业时的过喷漆雾和挥发性有机废气，主要污染物为漆雾中的有机挥发性有毒气体——甲苯、二甲苯，见图 5-6。

（a）车体侧面喷漆机器人自动喷漆

（b）车头部分手工喷漆

图 5-6　JR 东日本 E2 系新干线喷漆（铁道视界，20220729）

2. 锅炉废气

锅炉是高铁车站（段、所）的主要供暖设施，包括燃气锅炉、燃油锅炉、燃煤锅炉、生物质燃料锅炉。锅炉燃烧排放的烟尘和 SO_2 是高速铁路运营期大气污染的主要来源。

津保高铁典型站（所）燃油燃气锅炉主要排放物（颗粒物、二氧化硫、氮氧化物）的浓度如表 5-6 所示[63]。

表 5-6　津保高铁燃油燃气锅炉大气环境监测结果

单位：mg/m³

车站名	锅炉类型	颗粒物	二氧化硫	氮氧化物
霸州西站	1.05 MW 燃油锅炉	8.9～10.8	12～16	82～87
白洋淀站	1.05 MW 燃气锅炉	—	≤3	41～46
徐水站	0.7 MW 燃油锅炉	7.8～10	14～24	110～126
曹庄动车运用所	8.4 MW 燃气锅炉	—	≤3	46～62
	6 t/h 燃气锅炉	—	≤3	49～58
GB 13271—2014 重点地区特别排放限值	燃油锅炉	30	100	200
	燃气锅炉	20	50	150

资料来源：中国铁道科学研究院集团有限公司：新建铁路天津至保定铁路竣工环境保护验收调查报告，2019.11。

表 5-6 的监测结果均满足《锅炉大气污染物排放标准》（GB 13271—2014）重点地区特别排放限值的要求，同时也满足《天津市锅炉大气污染物排放标准》（DB 12/151—2016）中的燃油、燃气锅炉排放限值标准要求。

当采用燃煤锅炉供暖时，若安装的脱硫除尘装置、烟囱高度满足要求，锅炉废气一般可满足《锅炉大气污染物排放标准》（GB 13271—2014）的要求。表 5-7、表 5-8 为兰新高铁燃煤锅炉烟尘采样口监测结果[64-65]。

表 5-7　兰新高铁（新疆段）燃煤锅炉大气环境监测结果

车站名	锅炉类型	颗粒物/(mg/m³)	二氧化硫/(mg/m³)	氮氧化物/(mg/m³)	烟气黑度（林格曼黑度）/级
鄯善北站	1.4 MW 燃煤锅炉	39.4	148.3	257	<1
吐鲁番北站	2.8 MW 燃煤锅炉	36.5	168.3	242.3	<1
大河沿站	0.7 MW 燃煤锅炉+0.35 MW 燃煤锅炉	35.2	149.7	253.3	<1
盐湖西站	0.35 MW 燃煤锅炉+0.18 MW 电热水锅炉	32.1	106.7	231.7	<1
GB 13271—2014 排放限值	燃煤锅炉	50	300	300	≤1

注：鄯善北站、吐鲁番北站和大河沿站均安装湿式脱硫除尘器，盐湖西站无除尘设备。

资料来源：中国铁道科学研究院集团有限公司：新建铁路兰州至乌鲁木齐第二双线（新疆段）竣工环境保护验收调查报告，2018.12。

表 5-8　兰新高铁（甘青段）燃煤锅炉大气环境监测结果

车站名	锅炉类型	颗粒物/(mg/m³)	二氧化硫/(mg/m³)	氮氧化物/(mg/m³)	烟气黑度（林格曼黑度）/级
乐都南站	1.4 MW 燃煤锅炉 2 座（烟囱高度 30 m）	44.3	180	270	< 1
门源站	1.4 MW 燃煤锅炉 2 座（烟囱高度 30 m）	38.9	210	263.3	< 1
嘉峪关南站	2.8 MW 燃煤锅炉 2 座（烟囱高度 30 m）	36.4	241.3	288	< 1
石板墩南站	0.35MW+0.5MW 燃煤锅炉（烟囱高度 20 m）	35.3	201	281.7	< 1

注：乐都南站、门源站和嘉峪关南站均安装花岗岩冲击水浴式高效脱硫除尘器，石板墩南站无除尘设施。

资料来源：中国铁道科学研究院集团有限公司：新建铁路兰州至乌鲁木齐第二双线（甘青段）竣工环境保护验收调查报告，2020.5。

当采用燃煤锅炉（粉煤锅炉、型煤锅炉）供暖，且无除尘脱硫装置、烟囱高度不满足《锅炉大气污染物排放标准》（GB 13271—2014）中燃煤锅炉房烟囱最低允许高度要求时，大气污染物易出现超标情况。哈齐高铁沿线有 8 座车站使用燃煤锅炉采暖[66]，采暖时间通常从 10 月底至次年 4 月初，锅炉日工作时长根据当天气温进行调整，日均工作时间为 6 h，见图 5-7、图 5-8。

2019 年 3 月 20—24 日，对对青山站（0.7MW 原煤锅炉、烟囱高度 12 m）、姜家站（0.35 MW 原煤锅炉、烟囱高度 12 m）、高家站（0.35 MW 型煤锅炉、烟囱高度 15 m）、喇嘛甸站（0.7 MW 型煤锅炉、烟囱高度 15 m）锅炉尾气进行了现场监测，各车站连续采样 2 天，每天取样 3 次。具体监测结果见表 5-9。

图 5-7 宋站 0.7 MW 原煤锅炉房（来源：中铁第四勘察设计院集团有限
公司，新建哈尔滨至齐齐哈尔客运专线竣工环境保护
设施验收调查报告，2019.10）

 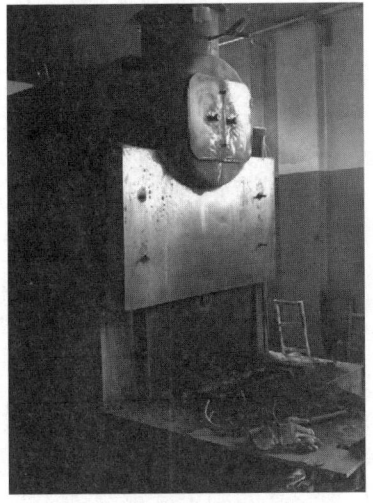

图 5-8 烟筒屯站 0.7 MW 型煤锅炉房（来源：中铁第四勘察设计院集团
有限公司，新建哈尔滨至齐齐哈尔客运专线竣工环境保护
设施验收调查报告，2019.10）

表 5-9　对青山站锅炉尾气监测结果

站名	监测时间		监测结果				
			颗粒物/ (mg/m³)	二氧化硫/ (mg/m³)	氮氧化物/ (mg/m³)	汞及其化合物/ (mg/m³)	烟气黑度/级
对青山站	2019.3.20	第一次	763	169	203	< 0.002 5	< 1
		第二次	849	195	225	< 0.002 5	< 1
		第三次	943	188	262	< 0.002 5	< 1
	2019.3.21	第一次	809	183	342	< 0.002 5	< 1
		第二次	645	193	334	< 0.002 5	< 1
		第三次	856	211	242	< 0.002 5	< 1
环评标准:GB 13271—2001《锅炉大气污染物排放标准》二类区Ⅱ时段标准≥0.7 MW 燃煤锅炉限值			200	900	—	—	—
验收标准:GB 13271—2014《锅炉大气污染物排放标准》表 3 燃煤锅炉排放限值			30	200	200	0.05	≤1

由表 5-9 可知,对青山站锅炉废气颗粒物严重超标,无法满足环评提出的《锅炉大气污染物排放标准》(GB 13271—2001)二类区Ⅱ时段(≥0.7 MW 燃煤锅炉)标准限值要求;同时按《锅炉大气污染物排放标准》(GB 13271—2014)表 3 燃煤锅炉排放限值进行达标考核,对青山站锅炉废气颗粒物、二氧化硫、氮氧化物均出现超标。

表 5-10 表明,姜家站锅炉废气颗粒物严重超标,无法满足环评提出的《锅炉大气污染物排放标准》(GB 13271—2001)二类区Ⅱ时段(< 0.7 MW 燃煤锅炉)标准限值要求;同时按《锅炉大气污染物排放标准》(GB 13271—2014)表 2 燃煤锅炉排放限值进行达标考核,姜家站锅炉废气颗粒物、氮氧化物无法稳定达标。

表 5-10 姜家站监测结果

站名	监测时间	监测结果				
		颗粒物/(mg/m³)	二氧化硫/(mg/m³)	氮氧化物/(mg/m³)	汞及其化合物/(mg/m³)	烟气黑度/级
姜家站	2019.3.22 第一次	138	188	432	< 0.002 5	< 1
	2019.3.22 第二次	178	186	372	< 0.002 5	< 1
	2019.3.22 第三次	191	217	378	< 0.002 5	< 1
	2019.3.23 第一次	156	128	263	< 0.002 5	< 1
	2019.3.23 第二次	176	134	243	< 0.002 5	< 1
	2019.3.23 第三次	259	183	251	< 0.002 5	< 1
环评标准：GB 13271—2001《锅炉大气污染物排放标准》二类区Ⅱ时段标准 < 0.7 MW 燃煤锅炉限值		120	900	—	—	—
验收标准：GB 13271—2014《锅炉大气污染物排放标准》表 2 燃煤锅炉排放限值		50	300	300	0.05	≤ 1

表 5-11 高家站监测结果

站名	监测时间	监测结果				
		颗粒物/(mg/m³)	二氧化硫/(mg/m³)	氮氧化物/(mg/m³)	汞及其化合物/(mg/m³)	烟气黑度/级
高家站	2019.3.23 第一次	61.8	56	73	< 0.002 5	< 1
	2019.3.23 第二次	82.5	52	68	< 0.002 5	< 1
	2019.3.23 第三次	121	51	70	< 0.002 5	< 1
	2019.3.24 第一次	39.9	55	83	< 0.002 5	< 1
	2019.3.24 第二次	36.1	51	80	< 0.002 5	< 1
	2019.3.24 第三次	60.1	58	77	< 0.002 5	< 1
环评标准：GB 13271—2001《锅炉大气污染物排放标准》二类区Ⅱ时段标准 ≥ 0.7 MW 燃煤锅炉限值		120	900	—	—	—
验收标准：GB 13271—2014《锅炉大气污染物排放标准》表 1 燃煤锅炉排放限值		80	400	400	0.05	≤ 1

表 5-11 的监测结果显示，高家站锅炉废气颗粒物无法稳定达标，个别监测时段颗粒物排放浓度无法满足环评提出的《锅炉大气污染物排放标准》（GB 13271—2001）二类区Ⅱ时段（<0.7 MW 燃煤锅炉）标准限值要求；同时按《锅炉大气污染物排放标准》（GB 13271—2014）表 1 燃煤锅炉排放限值进行达标考核，高家站锅炉废气颗粒物无法稳定达标。

表 5-12　喇嘛甸站监测结果

站名	监测时间		监测结果				
			颗粒物/ (mg/m³)	二氧化硫/ (mg/m³)	氮氧化物/ (mg/m³)	汞及其化合物/ (mg/m³)	烟气黑度/级
喇嘛甸站	2019.3.21	第一次	68.3	214	214	<0.002 5	<1
		第二次	47.5	214	195	<0.002 5	<1
		第三次	42.2	194	189	<0.002 5	<1
	2019.3.22	第一次	34.9	141	186	<0.002 5	<1
		第二次	31.4	154	156	<0.002 5	<1
		第三次	33.3	171	197	<0.002 5	<1
环评标准：GB 13271—2001《锅炉大气污染物排放标准》二类区Ⅱ时段标准≥0.7 MW 燃煤锅炉限值			200	900	—	—	—
验收标准：GB 13271—2014《锅炉大气污染物排放标准》表 1 燃煤锅炉排放限值			80	400	400	0.05	≤1

表 5-12 的监测结果显示，喇嘛甸站锅炉废气中各项污染物均满足环评提出的《锅炉大气污染物排放标准》（GB 13271—2001）二类区Ⅱ时段（≥0.7MW 燃煤锅炉）标准限值要求及《锅炉大气污染物排放标准》（GB 13271—2014）表 1 燃煤锅炉排放限值要求。

第三节 高速铁路运营期固体废物污染

高速铁路运营期固体废物主要来自车站人员办公、生活垃圾，旅客候车产生的生活垃圾，以及旅客列车垃圾。旅客候车及乘车旅行期间会产生一定数量的生活垃圾，主要有一次性饭盒、易拉罐、玻璃和塑料瓶、果壳、瓜皮纸屑等。旅客列车垃圾主要是车上乘客、乘务员在旅行过程中生活产生的生活垃圾。旅客列车垃圾采取定点投放的原则，交由市政环卫部门统一处理，不会对沿线周围环境产生影响。

动车所产生的固体废物（见图 5-9 ~ 图 5-11），包含危险废物，如废电池组、废矿物油、含油污泥、含油废物、废油漆桶、含漆沾染物、废润滑脂等；钢轨打磨时产生的大量铁屑。

图 5-9　成都东动车运用所废金属切削（20150825）

图 5-10　成都东动车运用所废电池组（20150825）

图 5-11　钢轨打磨车在郑万高铁郑州东站至郑州南站区段线路上作业（新华社记者　李安　摄，20190718）

固体废物应依法分类妥善处置，危险废物交由有资质单位处置；加强暂存区域的环境管理，应符合防渗漏、防扬尘等相关环保要求。

第四节　高速铁路运营期电磁环境影响

电气化铁路对电磁环境的影响主要是"弓网"（机车受电弓与接触网导线）离线产生的无线电干扰和接触网导线产生的工频电、磁场。接触网是铁路电气化工程的主构架，是沿铁道线上空架设的向动车组供电的线路，由接触悬挂、支持装置、定位装置、支柱与基础部分组成。接触网担负着把从牵引变电所获得的电能直接输送给动车组使用的重要任务。受电弓是动车组从接触网获得电能的电气设备，安装在车顶上。受电弓可分为单臂弓和双臂弓两种，均由滑板、上框架、下臂杆（双臂弓用下框架）、底架、升弓弹簧、传动气缸、支持绝缘子等部件组成。

运营期列车采用动车组、电力牵引，电力机车运行时因受电弓和接触网滑动接触会产生脉冲型电磁污染，受电弓瞬间离线会造成火花放电并产生频带较宽的脉冲型电磁辐射。在铁路两侧一定范围内，这种电磁干扰会对周围空间的无线电信号和电子设备正常工作产生干扰影响，从而对铁路沿线距铁路外轨中心线 50 m 范围以内采用室外天线接收信号的居民住户的电视收看效果产生不利影响。此外,高速铁路高架桥和高路堤所占比例较大,对电视信号遮挡反射影响较为突出。在铁路处于电视发射台和电视用户之间时,电视信号的接收可能会受到高架体和列车车体遮挡的影响;电视用户与电视台在铁路同一侧时,电视信号的接收可能会受到高架体和列车车体反射的影响。当高速列车通过高架桥或高路基路段时,会对沿线以高架天线收看电视广播的居民住户的电视收看效果产生遮挡、反射影响,影响收看质量。此外,牵引变电所产生的工频电磁场、GSM-R基站产生的电磁辐射,也会引起附近居民对电磁影响的担忧。

一、牵引变电所和接触网的影响

牵引变电所引入 220/110 kV 高压,降压后 27.5 kV 出线,为电气化铁路接触网供电(图 5-12、图 5-13)。牵引变电所运行期间会产生工频电场和工频磁场,工频电场是指随时间作 50 Hz 周期变化的电荷产生的电场,度量工频电场强度的物理量是电场强度,其单位为伏特每米(V/m),工程上常用千伏每米(kV/m);工频磁场是指随时间作 50 Hz 周期变化的电流产生的磁场,度量工频磁场强度的物理量既可以用磁感应强度也可以用磁场强度,它们的单位分别为特斯拉(T)和安培每米(A/m),工程上磁感应强度单位常用微特斯拉(μT)。

图 5-12　京沈高铁阜新牵引变电所(中铁电气化局集团提供)

图 5-13　高速铁路接触网（中铁电气化局集团提供，20171229）

根据《电磁辐射防护规定》(GB 8702—2014)，公众曝露控制限值：工频电场为 4 kV/m，磁感应强度为 0.1 mT[67]。

京沪高铁 220 kV 禹城牵引变电所围墙外 5 m，工频电场强度最大 478.4 V/m，工频磁感应强度最大 3.214 μT。工频电场强度和工频磁感应强度随距离的变化如图 5-14 所示。

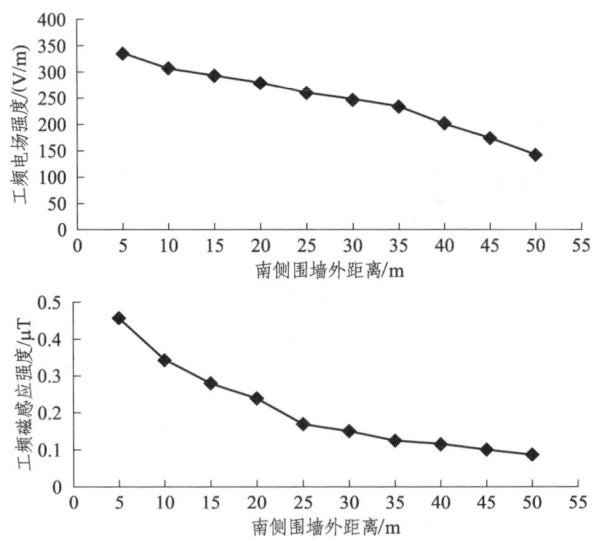

图 5-14　京沪高铁 220 kV 禹城牵引变电所工频电磁场

电气化铁路接触网（27.5 kV，50 Hz）工频电磁场的影响对象主要是接触网作业人员，对沿线居民几乎无影响。铁道部劳动卫生研究所、上海铁路局、成都铁路局、福州铁路疾病预防控制中心等单位曾就电气化铁路工频电磁场对铁路作业人员的健康影响开展过研究，结果表明[68]，长期低强度地接触铁路电力牵引工频电磁场可对作业人员的神经、血液、免疫系统产生复杂的影响和淋巴细胞 DNA 的损伤，但仍在安全范围内。

二、GSM-R 基站的辐射

为满足 GSM-R 网络场强覆盖要求，需在铁路沿线设置基站，其电磁辐射对环境的影响也随之显现。中国 GSM-R 系统采用的工作频段：上行，885～889 MHz（移动台发，基站收）；下行，930～934 MHz（基站发，移动台收）。对环境产生电磁辐射影响的是基站子系统，基站天线高度一般为 35～50 m，基站间隔一般市区内为 2.5 km、郊区农村地区为 3.5～4.5 km。

目前，我国电磁辐射环境影响评价执行标准为《电磁辐射防护规定》（GB 8702—2014），该标准给出了公众照射导出限值，规定在一天 24 h 内，环境电磁辐射的场量参数在任意连续 6 min 内的平均值应满足小于表 5-13 的要求[67]。

表 5-13　公众照射导出限值

频率范围/MHz	电场强度/(V/m)	磁场强度/(A/m)	功率密度/(W/m^2)
0.1～3	40	0.1	40
3～30	$67/\sqrt{f}$	$0.17/\sqrt{f}$	$12/f$
30～3 000	12	0.032	0.4
3 000～15 000	$0.22\sqrt{f}$	$0.001\sqrt{f}$	$f/7\,500$
15 000～30 000	27	0.073	2

注：f 为频率，单位 MHz。

因 GSM-R 基站频段为 900 MHz，该频段对应的功率密度导出限值为 0.4W/m² （40 μW/cm²），即如果总辐射不超过 40 μW/cm²，则认为环境辐射指标符合标准要求。

考虑到公众总的受照射剂量为各种电磁辐射对其影响的总和，为使公众受到的总的照射剂量限值不大于国家标准《电磁辐射防护规定》（GB 8702—88）的要求，国家环保总局在《辐射环境保护管理导则　电磁辐射环境影响评价方法与标准》（HJ/T 10.3—1996）[69]中对单个项目的影响作了如下规定："为使公众受到的总照射剂量小于 GB 8702—88 的规定值，对单个项目的影响必须限制在 GB 8702—88 限值的若干分之一。对于由国家环保总局审批的大型项目可取 GB 8702—88 中场强限值的 $1/\sqrt{2}$，或功率密度的 1/2。其他项目则取场强限值的 $1/\sqrt{5}$，或功率密度的 1/5 作为评价标准。"对电气化铁道，一般以功率密度的 1/5 作为评价标准，即以 8 μW/cm² 作为 GSM-R 基站电磁辐射的公众照射导出限值。

根据计算结果，以 GSM-R 基站电磁辐射为中心，沿天线主射方向两侧 18 m（最远不超过 30 m）内的区域为电磁辐射的超标区域，见图 5-15。在此区域之外，任何高度的辐射功率密度可满足小于 8 μW/cm²，符合标准 GB 8702—2014 和 HJ/T 10.3—1996 的要求。

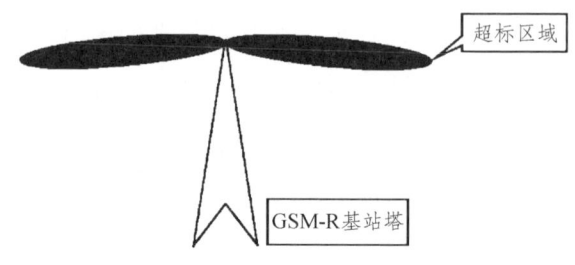

图 5-15　辐射超标区域示意

三、无线电干扰和电视接收受影响

采用天线接收的电视频道信噪比应达到正常收看所要求的 35 dB。运营期列车通过时，沿线一定范围内电视频道信噪比将会有一定程度的降低，信噪比大于 35 dB 的频道数也有一定的减少，接收质量下降，对沿线采用天线收看的电视用户有一定的影响。另外，列车通过时，车体本身对电视信号产生的反射和遮挡影响，也会影响铁路附近居民（采用天线接收方式）的电视收看质量。

1. 京津城际铁路电磁环境影响

京津城际铁路验收调查中[52]，在三个村庄对京津城际铁路的无线电干扰情况进行了测试，分别在距离铁路 30 m、60 m 和 90 m 处设测点。

（1）无线电干扰监测结果。

动车组通过时，路侧 30~90 m 范围内，干扰信号场强为 42~60 dB，至路侧 90 m 处，干扰信号场强仍高达 42~53 dB。实地调查中看到，列车通过时电视画面出现雪花、扭曲甚至完全消失，这种情况每天出现 140 次、每次时长为 6~8 s。

（2）电视收看影响分析。

我国对电视收看影响尚无相关的环境标准，通行的做法是采用国际无线电咨询委员会（CCIR）发布的"损伤制五级评分标准（500-1 号建议书）"作为验收或评价标准，即以有用电视信号和干扰信号的场强值之差（称为"信噪比"）35 dB 作为标准，信噪比大于 35 dB 时，认为干扰源对电视收看基本无影响；反之则认为有影响，信噪比数值越小影响就越严重。

京津城际铁路的无线电干扰信号很强、干扰的范围也很大。动车组的干扰信号比普速电气化铁路大了近 1 倍（一般电气化铁路仅 24~31 dB），与广电总局颁布的电视信号场强覆盖标准（V 段 57 dB、U 段 67 dB）已经非常接近。在基本满足覆盖标准或低于覆盖标准的农村地区，电视信号的信噪比会远小于 35 dB，有用电视信号甚至会被铁路的干扰信号所淹没，导致电视画面出现雪花、扭曲甚至完全消失的情况。从验收监测中干扰信号的衰减趋势分析，动车组对电视收看的影响范围可达到 200 m 左右。更值得注意的是，目前我国普遍用于传送电视信号的同轴电缆的屏蔽量指标为 30 dB，高速动车组的干扰信号强度已超过同轴电缆的屏蔽能力，这意味着动车组对邻近铁路区域的有线电视信号的传输质量也会产生一定影响。

京津城际铁路公众意见调查结果表明，在接受问卷调查的 249 人（乡村段沿线居民）中，反映"列车通过时影响电视收看"的比例达到 66%。高速铁路客运专线的这种高强度、高频次、大范围的无线电干扰影响也是以往电气化铁路所没有的，建议为高速铁路两侧 200 m 范围内的电视用户加装有线电视或卫星电视天线，以减少动车组对电视收看的影响。

2. 京沪高速铁路（山东段）站点电视场强监测结果

山东省辐射环境管理站于 2011 年 7 月 4—7 日组织在京沪高速铁路枣庄市滕州徐庄、枣庄市薛城北李庄、泰安市磁窑东么庄、济南市万德金山铺、德州市陵县车庄进行了电视信号覆盖和信号场强监测[70]。在各测试地点选取 VHF 频段 1 个频道、UHF 频段 2 个频道，分别在没有高速列车通过和有高速列车通过时进行电视信号场强和背景噪声的监测和记录。评价依据：① GB/T 14109—1993《电视、调频广播场强测量方法》；② GB/T 15658—1995《城市无线电噪声测量方法》；③ 电气化铁路对电视收看的影响采用国际无线电咨询委员会（CCIR）推荐的损伤制五级评分标准，要求信噪比达到 35 dB。

利用测试系统场强测量功能，选取各被测电视频道图像载频中心频率为被测信号中心频率，测试带宽选取 150 kHz，记录图像信号场强值。在图像载频附近波形平坦处选取测试中心频率，测试带宽选取 150 kHz，测试和记录背景噪声场强值；在与背景噪声检测相同的频点，测试带宽选取 150 kHz，在 8 列列车通过时分别测试和记录背景噪声场强值（每趟列车记录 2~4 个数值）。对图像信号以 50% 时间概率取得的数值作为信号场强实测值，对背景噪声场强值以 10% 时间概率取得的数值作为实测值，测试结果见表 5-14。

表 5-14 京沪高速铁路（山东段）电视信号场强及信噪比测试结果

测试地点	检测时间	频道	背景场强/[dB/(μV/m)]	信噪比/dB	过车时背景场强/[dB/(μV/m)]	过车时信噪比/dB	距铁路距离/m
滕州徐庄	2011.7.4	6	36.84	17.86	44.09	10.60	34.30
		36	32.63	37.66	35.93	34.36	34.30
		42	27.03	45.32	31.50	40.85	34.30
薛城北李庄	2011.7.4	7	33.76	29.13	34.61	28.28	42.50
		20	23.03	53.96	24.44	52.55	42.50
		30	19.93	48.08	22.43	45.58	42.50
磁窑东么庄	2011.7.5	10	41.07	41.45	46.87	35.65	35.70
		13	27.07	46.54	29.97	43.64	35.70
		26	20.07	39.32	20.82	38.57	35.70
万德金山铺	2011.7.6	10	33.86	15.56	38.31	11.11	22.00
		13	23.16	32.99	25.56	30.59	22.00
		39	21.70	32.42	23.50	30.62	22.00
陵县车庄	2011.7.7	10	36.64	39.44	40.54	35.54	28.30
		18	18.73	54.80	23.73	49.80	28.30
		37	23.46	46.96	24.06	46.36	28.30

根据以往电气化铁道对电视影响的研究结论可知，当信噪比（D/U）值大于 35 dB 时，电视画面可达 3 分或 3 分以上，即达到正常收看的程度。由表 5-14 可知，列车未通过时 5 个现状监测点共 15 个收看频道中，有 9 个频道电视信号场强达到广电部规定的服务区标称可用场强值，同时信噪比达到正常收看所要求的 35 dB；有 2 个频道电视信号场强没有达到要求，但信噪比达到正常收看所要求的 35 dB；有 4 个频道同时不满足两个要求。列车通过时 5 个现状监测点共 15 个收看频道中，有 8 个频道电视信号场强达到广电部规定的服务区标称可用场强值，同时信噪比达到正常收看所要求的 35 dB；有 1 个频道电视信号场强没有达到要求，但信噪比达到正常收看所要求的 35 dB；有 1 个频道电视信号场强达到要求，但信噪比没有达到正常收看所要求的 35 dB；有 5 个频道同时不满足

两个要求。同时，这 15 个频道信噪比均有不同程度的下降。

在现场监测的同时，采取入户和询问的方式对列车通过前后电视收看情况进行调查，高铁运行对未使用有线电视用户的收看效果有一定影响，具体表现为电视画面有一些抖动、雪花增多，但音质没有变化；对有线电视用户收看效果影响较小。

3. 武广高速铁路动车组通过时的无线电干扰[71]

（1）汨罗东—耒阳西段测点。

300～350 km/h 速度段，1 MHz 无线电干扰最大 88 dB（μV/m）（限值 110 dB），150 MHz 无线电干扰最大 71 dB（μV/m）（限值 88 dB）。

（2）衡阳东—乐昌东段测点。

260～350 km/h 速度段，1 MHz 无线电干扰最大 90 dB（μV/m），150 MHz 无线电干扰最大 71 dB（μV/m）。

第六章 高速铁路运营期减振降噪措施

噪声和振动是高速铁路运营期的主要环境问题，特别是 300 km/h 速度级以上的高铁长大线路，噪声影响突出，已成为影响高速铁路绿色水平的主要因素。《新时代交通强国铁路先行规划纲要》明确提出了"有效防治铁路沿线噪声、振动"。高速铁路噪声和振动污染治理应根据噪声和振动敏感建筑物规模、分布、声环境要求等，采用综合治理措施。对噪声和振动污染进行控制时，应考虑噪声和振动污染控制标准（限值）及对应的测量方法、控制措施的有效性，以及经济性。

第一节 高速铁路环境噪声限值及其测量方法

一、高速铁路边界环境噪声限值

《铁路边界噪声限值及其测量方法》（GB 12525—90）及修改方案（2008 年 7 月 30 日）规定了城市铁路边界处铁路噪声的限值及其测量方法，适用于对城市铁路边界噪声的评价[72]。铁路边界指铁路外侧轨道中心线 30 m 处。

既有铁路，改、扩建既有铁路边界铁路噪声按表 6-1 的规定执行。既有铁路是指 2010 年 12 月 31 日前已建成运营的铁路或环境影响评价文件已通过审批的铁路建设项目。

表 6-1 既有铁路边界铁路噪声限值（等效声级 L_{eq}）

时 段	噪声限值/dB(A)
昼 间	70
夜 间	70

新建铁路（含新开廊道的增建铁路）边界铁路噪声按表 6-2 的规定执行。新建铁路是指自 2011 年 1 月 1 日起环境影响评价文件通过审批的铁路建设项目（不包括改、扩建既有铁路建设项目）。

表 6-2　新建铁路边界铁路噪声限值（等效声级 L_{eq}）

时　段	噪声限值/dB(A)
昼　间	70
夜　间	60

昼间和夜间时段的划分按《中华人民共和国噪声污染防治法》的规定执行，或按铁路所在地人民政府根据噪声污染防治需要所作的规定执行。

二、高速铁路沿线环境噪声测量方法

《铁路环境测量　环境噪声测量》（TB/T 3050—2022）规定了铁路沿线环境噪声测量的术语和定义、测量技术要求和测量报告，适用于铁路沿线主要受铁路噪声影响区域的噪声测量[73]。

1．测量仪器及采样方法

测量应采用符合 GB/T 3785.1—2010 中 1 级设备技术要求的声学设备，采样频率不应低于 40 kHz，传声器频率响应范围为 16 ~ 20 kHz，测量过程中应加戴防风罩。每次测量前后应对声学设备进行校准，校准偏差不大于 0.5 dB，否则测量无效。

仪器的动态范围应满足测点噪声波动的要求。测量铁路噪声时应注意选择适当的动态范围，距离边界较近的测点，动态范围可选择 30 ~ 120 dB；较远的测点，动态范围可选择 30 ~ 100 dB。

仪器动态时间响应特性采用"快（Fast）"挡，采样间隔不大于 1 s。

2．测量的量

采用等效连续 A 声级作为铁路噪声测量的量。

3．气象条件

测量时的气象条件应满足无雨、无雪，风速小于 5 m/s。

4．测点布设

（1）一般要求。

测点布设时应符合以下规定：

① 测点布设应尽量远离公路、航道、工厂、施工现场等非铁路噪声源。无法远离时，测量应尽量在时间上避开这些非铁路噪声的干扰。测量结果应能分别反映铁路噪声贡献量和背景噪声影响。如在测量时受到偶然干扰，应在记录中说明干扰的声级、类型和持续时间，以供分析数据时参考。

② 以列车运行噪声为主的边界测点按照 GB 12525—90 相关规定测量；以作业噪声为主的边界测点按照 GB 12348—2008 相关规定测量。

③ 同一测量断面内的测点，应采用同步测量的方法。

④ 测点布设根据测量目的和要求的不同，可以只布设边界测点或声环境保护目标测点。

（2）典型区段和典型位置的划定。

测量开始前，应根据铁路列车类型、线路类型、轨道类型、车流密度、运行速度、周围环境条件以及降噪措施等情况划分典型区段，基本特征相同的区段可划定为一个典型区段。对于声源有显著变化的位置，如线路交会处、车站咽喉区、集中鸣笛区等，可以划定为一个典型位置。

（3）测点布设。

① 边界测点。

对只含铁路线路的区段，测点设在距铁路近侧线路中心线 30 m 处。边界测点布设应能反映受铁路噪声影响的最不利情况。每个典型区段和典型位置至少应设 1 个边界测点，在不同典型区段之间或典型区段接近典型位置处应增加测点。

铁路线路与站场（车站、机务段、折返段、车辆段、编组站、动车所等）邻接时，测点应设在站场厂界处。布点数量可以参照上述原则。

当边界测点与公路、河流、绿化带等区域邻接时，可将测点位置移至铁路对侧或平移至公路、河流、绿化带等区域外。

② 声环境保护目标测点。

声环境保护目标测点应根据声环境保护目标覆盖面积以及与铁路的相对位置布设，且能够反映受铁路噪声影响的最不利情况。当声环境保护目标覆盖面积较小（如只有一栋建筑物）且与铁路的相对位置基本相同时，可设置 1 个与铁路线路方向垂直的测量断面，并应至少设 1 个测点。当声环境保护目标覆盖面积较大时，根据典型区段和典型位置的划定原则确定若干个与铁路线路方向垂直的测量断面，每个断面至少应有 3 个代表性测点。

③ 补充测点的布设。

需确定铁路两侧噪声分布时，应增设补充测点，可按照距铁路近侧线路中心线 30 m、60 m、120 m 布设测点，必要时可增加 200 m 测点。当测点位置不便于测量时，可前移或后移测点。

5．传声器位置

边界测点传声器一般应置于高于地面 1.2 m，距离反射物不小于 1 m。声环境保护目标测点位于建筑群中时，传声器的位置应尽量远离周围建筑物。厂界测点有围墙时，传声器应置于围墙外 1 m，高于围墙 0.5 m 以上的位置。测量建筑物受声状况时，传声器应置于相应建筑物一层朝向铁路一侧的室外窗前 1 m 处；当建筑物高于 3 层（含）时，还应选取代表性楼层设置测点。

6．测量时段

至少应在昼间和夜间各选择一次有代表性的时段进行测量。昼间应在 6:00 至 22:00，夜间应在 22:00 至次日 6:00 进行。对昼间、夜间的划分另有规定时，应按规定进行。测量时段不应小于 1 h。

以列车运行噪声为主的测点，代表性时段内车流密度应不小于相应昼间或夜间的平均车流密度。测量时段内通过的列车一般不应小于 6 列车。对于车流密度较低的线路，可测量各类型列车通过时的暴露声级，按式（6-1）计算昼间和夜间的等效连续 A 声级：

$$L_{eq} = 10\lg\left(\frac{1}{T}\sum_{i=1}^{n}10^{0.1L_{AE,i}}\right) \quad (6-1)$$

式中　L_{eq}——昼间或夜间的等效声级；

　　　n——昼间或夜间通过的列车数量；

　　　T——昼间或夜间对应的评价时间，s；

　　　$L_{AE,i}$——第 i 列列车通过时的暴露声级。

声环境保护目标昼间或夜间的等效连续 A 声级按式（6-2）计算：

$$L_{eq} = 10\lg\left(\frac{1}{T}\sum_{i=1}^{n}10^{0.1L_{AE,i}} + 10^{0.1L_{eq,b}}\right) \quad (6-2)$$

式中　$L_{eq,b}$——昼间或夜间背景噪声等效声级。

7. 背景噪声修正

铁路噪声测量值与背景噪声值的差值（ΔL = 铁路噪声测量值 − 背景噪声值）大于 10 dB 时，铁路噪声测量值不做修正。铁路噪声测量值与背景噪声值的差值在 3~10 dB 时，可按表 6-3 进行修正。铁路噪声测量值与背景噪声值的差值小于 3 dB 时，测量值无效。

表 6-3　3 dB≤ΔL≤10 dB 时铁路噪声测量值修正表　　单位：dB

差值 ΔL	3	4~5	6~10
修正值	−3	−2	−1

第二节　高速铁路沿线环境振动限值及其测量方法

一、高速铁路沿线环境振动限值

1. 城市区域环境振动标准

《城市区域环境振动标准》（GB 10070—88）规定了城市区域环境振动的标准值及适用地带范围和监测方法，该标准适用于城市区域环境[20]。

表 6-4 中适用地带范围的划定："特殊住宅区"是指特别需要安宁的住宅区。"居民、文教区"是指纯居民和文教、机关区。"混合区"是指一般商业与居民混合区；工业、商业、少量交通与居民混合区。"商业中心区"是指商业集中的繁华地区。"工业集中区"是指在一个城市或区域内规划明确的工业区。"交通干线道路两侧"是指车流量每小时 100 辆以上的道路两侧。"铁路干线两侧"是指距每日车流量不少于 20 列的铁道外轨 30 m 外两侧的住宅区。

特别需要注意的是，表 6-4 给出的城市各类区域铅垂向 Z 振级标准值采用老的计权曲线（Z 计权因子）。

表 6-4　城市各类区域铅垂向 Z 振级标准值　　单位：dB

适用地带范围	昼间	夜间
特殊住宅区	65	65
居民、文教区	70	67
混合区、商业中心区	75	72
工业集中区	75	72
交通干线道路两侧	75	72
铁路干线两侧	80	80

2. 住宅建筑室内振动限值

《住宅建筑室内振动限值及其测量方法标准》（GB/T 50355—2018）规定了住宅建筑室内振动及其结构噪声限值[74]。该标准规定的住宅建筑室内振动单值评价量为 Z 振级；分频振动评价量为 1/3 倍频程铅垂向振动加速度级，频率范围为 1~80 Hz；振动引起的结构噪声评价量为 1/1 倍频程等效声级（不进行 A 计权），频率范围为 31.5~250 Hz（对应的 1/3 倍频程频率范围为 25~315 Hz）。

住宅建筑室内 Z 振级限值应符合表 6-5 的规定。

表 6-5　住宅建筑室内 Z 振级限值　　　　单位：dB

房间名称	限值等级	时段	限值
卧室	一级	昼间	73
		夜间	70
	二级	昼间	78
		夜间	75
起居室（厅）	一级	全天	73
	二级	全天	78

住宅建筑室内各 1/3 倍频程铅垂向振动加速度级限值应符合表 6-6 的规定。

表 6-6　住宅建筑室内各 1/3 倍频程铅垂向振动加速度级限值

单位：dB

房间名称	时段	限值等级	1/3 倍频程中心频率									
			1 Hz	1.25 Hz	1.6 Hz	2 Hz	2.5 Hz	3.15 Hz	4 Hz	5 Hz	6.3 Hz	8 Hz
卧室	昼间	一级	76	76	76	75	74	72	70	70	70	70
	夜间		73	73	73	72	71	69	67	67	67	67
	昼间	二级	81	81	81	80	79	77	75	75	75	75
	夜间		78	78	78	77	76	74	72	72	72	72
起居室（厅）	全天	一级	76	76	76	75	74	72	70	70	70	70
	全天	二级	81	81	81	80	79	77	75	75	75	75

续表

房间名称	时段	限值等级	1/3 倍频程中心频率								
			10 Hz	12.5 Hz	16 Hz	20 Hz	25 Hz	31.5 Hz	40 Hz	50 Hz	63 Hz	80 Hz
卧室	昼间	一级	70	71	72	74	76	78	80	82	85	88
	夜间		67	68	69	71	73	75	77	79	82	85
	昼间	二级	75	76	77	79	81	83	85	87	90	93
	夜间		72	73	74	76	78	80	82	84	87	90
起居室（厅）	全天	一级	70	71	72	74	76	78	80	82	85	88
	全天	二级	75	76	77	79	81	83	85	87	90	93

住宅建筑外的振动会引起建筑内的地板、墙体振动，并随建筑结构传播产生二次辐射噪声。目前，住宅建筑外部铁路振动引起室内二次辐射噪声的投诉日益增加。住宅建筑室内结构噪声限值应符合表 6-7 的规定。

表 6-7　住宅建筑室内结构噪声限值　　　　单位：dB

房间名称	时段	限值等级	1/1 倍频程中心频率			
			31.5 Hz	63 Hz	125 Hz	250 Hz
卧室	昼间	一级	76	59	48	39
		二级	79	63	52	44
	夜间	一级	69	51	39	30
		二级	74	57	45	37
起居室（厅）	全天	一级	76	59	48	39
		二级	79	63	52	44

3. 沿线古建筑振动限值

高速铁路振动对沿线古建筑的影响执行《古建筑防工业振动技术规范》（GB/T 50452—2008）标准[75]。古建筑结构的容许振动以结构的最大动应变为控制标准，以振动速度表示，根据结构类型、保护级别和弹性波在古建筑结构中的传播速度选用。列入世界文化遗产名录的古建筑，其结构容许振动速度应按全国重点文物保护单位的规定采用。

古建筑砖石结构的容许振动速度按表6-8和表6-9的规定采用。

表6-8 古建筑砖结构的容许振动速度(v) 单位：mm/s

保护级别	控制点位置	控制点方向	砖砌体 V_P/(m/s)		
			<1 600	1 600~2 100	>2 100
全国重点文物保护单位	承重结构最高处	水平	0.15	0.15~0.20	0.20
省级文物保护单位	承重结构最高处	水平	0.27	0.27~0.36	0.36
市、县级文物保护单位	承重结构最高处	水平	0.45	0.45~0.60	0.60

注：当V_P介于1 600~2 100 m/s时，v采用插入法取值。

表6-9 古建筑石结构的容许振动速度(v)

单位：mm/s

保护级别	控制点位置	控制点方向	石砌体 V_P/(m/s)		
			<2 300	2 300~2 900	>2 100
全国重点文物保护单位	承重结构最高处	水平	0.20	0.20~0.25	0.25
省级文物保护单位	承重结构最高处	水平	0.36	0.36~0.45	0.45
市、县级文物保护单位	承重结构最高处	水平	0.60	0.60~0.75	0.75

注：当V_P介于2 300~2 900 m/s时，v采用插入法取值。

古建筑木结构的容许振动速度按表 6-10 的规定采用。

表 6-10　古建筑木结构的容许振动速度(v)

单位：mm/s

保护级别	控制点位置	控制点方向	顺木纹 V_p/(m/s)		
			< 4 600	4 600～5 600	> 5 600
全国重点文物保护单位	顶层柱顶	水平	0.18	0.18～0.22	0.22
省级文物保护单位	顶层柱顶	水平	0.25	0.25～0.30	0.30
市、县级文物保护单位	顶层柱顶	水平	0.29	0.29～0.35	0.35

注：当 V_p 介于 4 600～5 600 m/s 时，v 采用插入法取值。

石窟的容许振动速度按表 6-11 的规定采用。

表 6-11　石窟的容许振动速度(v)　　单位：mm/s

保护级别	控制点位置	控制点方向	岩石类别	岩石 V_p/(m/s)		
全国重点文物保护单位	窟顶	三向	砂岩	< 1 500	1 500～1 900	> 1 900
				0.10	0.10～0.13	0.13
			砾岩	< 1 800	1 800～2 600	> 2 600
				0.12	0.12～0.17	0.17
			灰岩	< 3 500	3 500～4 900	> 4 900
				0.22	0.22～0.31	0.31

注：三向指窟顶的径向、切向和竖向；当 V_p 介于 1 500～1 900 m/s、1 800～2 600 m/s、3 500～4 900 m/s 时，v 采用插入法取值。

砖木混合结构的容许振动速度，主要以砖砌体为承重骨架的，可按表 6-8 采用；主要以木材为承重骨架的，可按表 6-10 采用。

4. 沿线建筑物容许振动限值

高速铁路振动对沿线建筑结构及建筑物内人体舒适性的影响执行《建筑工程容许振动标准》（GB 50868—2013）[76]。

高速铁路振动对建筑结构影响评价的频率范围为 1～100 Hz，评价位置为建筑物顶层楼面中心位置处水平向两个主轴方向的振动速度峰值及其对应的频率、建筑物基础处竖向和水平向两个主轴方向的振动速度峰值及其对应的频率。交通振动对建筑结构影响在时域范围内的容许振动值，宜按表 6-12 规定采用。

表 6-12　高速铁路振动对建筑结构影响在时域范围内的容许振动值

建筑物类型	顶层楼面处容许振动速度峰值/(mm/s)	基础处容许振动速度峰值/(mm/s)		
	1～100 Hz	1～10 Hz	50 Hz	100 Hz
工业建筑、公共建筑	10.0	5.0	10.0	12.5
居住建筑	5.0	2.0	5.0	7.0
对振动敏感、具有保护价值、不能划归上述两类的建筑	2.5	1.0	2.5	3.0

注：容许振动值应按频率线性插值确定；当无法在基础处评价时，评价位置可取最底层主要承重外墙的底部。

经验表明，如果不超过表 6-12 中的限值，建筑物不会发生损坏。超过限值较小，不一定会导致建筑物损坏；超过限值较大，应考虑用结构动应力来评价。

高速铁路振动对建筑物内人体舒适性影响的评价频率范围为 1～80 Hz，评价位置应取建筑物室内地面中央或室内地面振动敏感处。由于高速铁路振动的间歇性和长期性，我国现行的相关环境振动标准采用以计权加速度均方根值为基础的基本评价方法可能会低估振动对人体舒适性的影响,因此,高速铁路振动对建筑物内人体舒适性影响的评价应附加 1~80 Hz 竖向 VDV 法。竖向四次方振动剂量值 VDV_Z 按式(6-3)计算:

$$\text{VDV}_Z = \left\{ \int_0^T [a_{ZW}(t)]^4 \text{d}t \right\}^{\frac{1}{4}} \quad (6\text{-}3)$$

式中 $a_{ZW}(t)$ ——按 GB/T 13441.1 规定的基本频率计权 W_k 进行计权的瞬时加速度,m/s²;

T ——昼间或夜间时间长度,s;

t ——时间。

VDV 法与基本评价方法相比,由于使用加速度时间历程的四次方而不是平方作为计算平均的基础,所以 VDV 法对峰值更为敏感,突出了峰值的影响。同时,VDV 法考虑了振动暴露时间对人体舒适性的影响。

交通振动对建筑物内人体舒适性影响的容许振动值,宜按表 6-13 的规定确定。

表 6-13 高速铁路振动对建筑物内人体舒适性影响的容许振动值

建筑物类型	时间	容许竖向四次方振动剂量值/(m/s$^{1.75}$)
居住建筑	昼间	0.2
	夜间	0.1
办公建筑	昼间	0.4
车间办公区	昼间	0.8

二、高速铁路沿线环境振动测量方法

《城市区域环境振动测量方法》(GB 10071—88)规定了城市区域环境振动的测量方法,仅适用于城市区域环境振动的测量[77]。《环境振动监测技术规范》(HJ 918—2017)规定了环境振动监测的仪器性能、测量条件、测点布设、拾振器的安装、采样及数据分析、测量时段及测量量、测量记录、质量保证和质量控制等技术要求[78]。《铁路环境振动测量》(TB/T 3152—2007)规定了铁路环境振动测量的方法、内容和要求,适用于受铁路环境振动影响区域的环境振动现状测量,不适用于评价振动对建筑物结构和设备影响的测量[79]。

1．测量仪器

采用精密等级不低于 2 型的环境振动计或其他相当的振动仪器,拾振器电压灵敏度应大于 400 mV/g,拾振器的频率范围应至少包含 GB 10070—88 规定的频率,仪器的测量下限应不高于 50 dB、测量上限不低于 100 dB。

2．测量的量

测量的量为每次列车通过时段的最大 Z 振级 $VL_{Z,max}$、等效 Z 振级 $VL_{Z,eq}$ 和背景振动 $VL_{Z,90}$。

3．测点布设

应选择对被测建筑物影响较大的轨道运行方向的列车进行监测。测点布设分为两类:

(1)距铁路外轨中心线 30 m 处测点——反映铁路两侧 30 m 处的振动状况。

(2)敏感测点——布设在敏感点或敏感区内的测点,反映敏感点或敏感区的铁路振动状况。距离铁路最远的测点位置不宜大于 100 m。

4．测点位置

测点置于建筑物室外 0.5 m 以内振动敏感处。测点布设宜远离公路、工厂、施工现场等非铁路振动源。当无法远离时,应在测量时间上避开非铁路振动的干扰。

5．振动传感器的放置

振动传感器应平稳地安放在平坦、坚实的地面上，避免置于如草地、砂地、雪地或地毯等松软的地面上。振动传感器的灵敏度主轴方向应与测量方向一致。需要测量建筑物内受振状况时，振动传感器宜置于相应建筑物室内中央。

测量应在无雨雪、雷电的天气环境下进行。测量还应避免足以影响环境振动测量值的其他环境因素，如剧烈的温度梯度变化、强电磁场、强风、地震或其他非振动污染源引起的干扰。

6．测量方法

测量仪器时间计权常数取 1 s，振动信号采样间隔不大于 0.1 s。采样频率与被测振源最高频率的比值宜取 6。

对铁路振动，测量每次列车车头至车尾通过测点时的 $VL_{Z,max}$ 和 $VL_{Z,eq}$。每个测点分别连续测量昼、夜间各 20 次列车。对于车流密度较低的线路，可以测量昼间不小于 4 h、夜间不小于 2 h 内通过的列车。测量结果以昼间、夜间所测数据的算术平均值表示。

对背景振动，测量时每个测点的测量时间不少于 1 000 s。为避免铁路振动的影响，允许采用间断测量的方法，但累计测量时间应不少于 1 000 s。

铁路振动与背景振动的差值小于 10 dB 时，测量结果应按表 6-14 进行修正。若铁路环境振动与背景振动的差值低于 5 dB，测量结果仅作参考值。

表 6-14　背景振动修正值　　　　　　单位：dB

铁路环境振动与背景振动的差值	修正值
≥10	0
6～9	−1
5	−2

第三节　高速铁路噪声防治措施

一、治理原则及防治目标

高速铁路噪声污染防治应依据《中华人民共和国噪声污染防治法》和有关法律、法规，认真贯彻执行国家环境保护总局和铁道部联合发布的《关于加强铁路噪声污染防治的通知》（环发〔2001〕108号），对可能产生噪声污染的高速铁路建设项目，应按照"预防为主、防治结合、综合治理"的基本原则和"社会效益、经济效益和环境效益相统一"的方针，采取有效的防治措施，避免或减轻对环境的污染，使铁路建设、城乡建设与环境保护协调发展。

1．治理原则

按照"以人为本、因地制宜、技术可行、经济合理"的原则，对高速铁路噪声、振动采取源头控制、传播途径控制、建筑物防护、合理规划布局、科学管理等综合措施进行防治。高速铁路建设项目的噪声、振动防治措施，应按近期设计规模的污染程度确定实施方案，按远期设计规模的污染程度预留噪声、振动控制技术条件。对既有高速铁路两侧敏感建筑的噪声、振动防治，应根据建筑物的建设时间和高速铁路噪声贡献量等，依法分清治理责任。铁路两侧200 m以内不宜新建噪声敏感建筑物，若在此范围内建设敏感建筑物，应按《中华人民共和国噪声污染防治法》第十九条、第二十六条规定执行。

2010年1月11日，环境保护部以环发〔2010〕7号发布《地面交通噪声污染防治技术政策》，要求地面交通噪声污染防治应遵循如下原则：

（1）坚持预防为主原则，合理规划地面交通设施与邻近建筑物布局；

（2）噪声源、传声途径、敏感建筑物三者的分层次控制与各负其责；

（3）在技术经济可行条件下，优先考虑对噪声源和传声途径采取工程技术措施，实施噪声主动控制；

（4）坚持以人为本原则，重点对噪声敏感建筑物进行保护。

2．防治目标

高速铁路噪声的防治目标应达到国家规定的铁路边界噪声排放标准。受高速铁路运行噪声影响的学校、医院、幼儿园、敬老院等特殊敏感建筑物按昼间 60 dB 进行控制，对有住校、住院的敏感点夜间按 50 dB 进行控制。通过技术论证，当采取工程措施难以达到以上要求时，应对噪声敏感建筑物采取有效防治措施，使室内声环境满足使用功能。站、段（所）周围应符合国家规定的工业企业厂界噪声标准。

高速铁路振动的防治目标应达到国家规定的铁路干线两侧区域环境振动标准，即铁路干线两侧建筑物的室外振动，应满足昼间、夜间 80 dB 的限值要求。若铁路干线两侧建筑物的室外振动超过标准限值，根据《建筑环境通用规范》（GB 55016—2021）[80]，应保证室内主要功能房间内的 Z 振级（VL_z）满足昼间 78 dB、夜间 75 dB 的限值要求（W_k 计权）。

3．一般防治措施

高速铁路规划尽量避免穿越城市现有或规划的噪声、振动敏感建筑集中区域。在高速铁路设计中通过合理选线，可以从根本上避免或减轻铁路噪声、振动的环境污染。

根据环发〔2010〕7 号"关于发布《地面交通噪声污染防治技术政策》的通知"要求，优先考虑对噪声源和传声途径采取工程技术措施，实施噪声主动控制；对不宜对交通噪声实施主动控制的，应对噪声敏感建筑物采取有效的噪声防护措施，保证室内合理的声环境质量。

噪声防治一般从声源（车辆、轨道、接触网）、传播途径（声屏障）、受声点防护（隔声门窗）三方面采取防治措施。降低高速铁路噪声源强的措施主要有：采用无缝钢轨、有砟道床、道床吸声板、钢轨阻尼材料等。传播途径的降噪措施有：设置声屏障或绿化林带等。受声点防护措施有：敏感点搬迁、改变（调整）使用功能或提高建筑物的建筑隔声性能、设置隔声窗等。噪声源控制、传声途径噪声削减属于噪声污染防治主动控制技术。此外，应继续加强推行、落实鸣笛的限鸣措施，减轻鸣笛噪声的噪声污染。对于车站使用的广播喇叭，应采取有效措施减少对周围环境的干扰。

振动防治从振源（车辆、轨道）、传播途径（地屏障）、受振点防护三方面提出综合治理措施。高速铁路振动污染的防治可采用铺设无缝线路，加强轮轨系统维护，轨道系统隔振，以桥代路，设置隔振沟、墙等防振屏障措施，改变建筑物使用功能及其他有效措施。

二、源头降噪措施

1. 轨道吸声板

轨道吸声板主要用于控制轮轨噪声。德国已在高速铁路车站、隧道、正线区间大量应用轨道吸声板，取得了良好降噪效果[81]。德国轨道吸声板主材为人工黏土陶粒、天然砂等，降噪系数 NRC 最高可达 0.9。目前，德国在运营速度 300 km/h 的科隆—法兰克福高铁、科隆—莱茵高铁、纽伦堡—英戈尔斯塔特高铁，以及运营速度 250 km/h 的汉诺威—柏林高铁区间噪声敏感区大量铺设了轨道吸声板。

日本铁道综合技术研究所为新干线开发了板式轨道吸声板，基材主要有无机质类、陶瓷类和轻质混凝土类三种，用以应对不同频率的噪声。

我国在遂渝铁路试验段铺设了以珍珠岩为吸声主材的轨道吸声板，降噪系数 NRC 为 0.75。测试结果表明，在距轨道中心线 7.5 m

处，铺设轨道吸声板后可降噪 2.8 dB（A）；在距轨道中心线 30 m 处，铺设轨道吸声板后可降噪 1.2 dB（A）。

成灌铁路部分区段也铺设了轨道吸声板[82]，见图 6-1。

图 6-1 成灌铁路轨道吸声板（中铁二院）

2015 年，在大西高速铁路原平西—太原段高速综合试验段的路基、桥梁、隧道、车站各铺设了 600 m 轨道吸声板，吸声基材为页岩陶粒，混响室法降噪系数 NRC 为 0.90，见图 6-2。轨道吸声板厚度为 200 mm，道床板中部铺设 A 型板、侧部铺设 B 型板。A 型板宽度为 1 110 mm、长度为 640 mm；B 型板宽度为 440 mm、长度为 1 260 mm。

图 6-2 大西高铁原平至阳曲试验段 TSDI-Ⅰ型轨道吸声板（中国铁设）

根据中国科学院声学研究所噪声与振动重点实验室的现场测试,在距轨道中心线 25 m 处,当动车组以 160~250 km/h 的速度通过时,铺设轨道吸声板的噪声比未铺设轨道吸声板最高可降低 2.4 dB(A),在 250~300 km/h 速度范围内,最高可降低 1.9 dB(A)。

2. 阻尼钢轨

轮轨噪声是高速铁路噪声的主要来源,中心频率主要分布在 500~4 000 Hz,钢轨噪声主要分布在中心频率为 500~4 000 Hz 的中、高频段,车轮噪声主要分布在中心频率为 1 600~4 000 Hz 的高频段。钢轨辐射噪声是轮轨噪声的重要组成部分,因此降低轮轨噪声的关键在于钢轨辐射噪声的控制[83]。

阻尼钢轨通常由钢轨、阻尼层、约束层构成(图 6-3、图 6-4)[84],通过钢轨振动时阻尼层的剪切耗能与储能降低振动能量,从而减小钢轨的振动,进而降低钢轨振动辐射噪声。

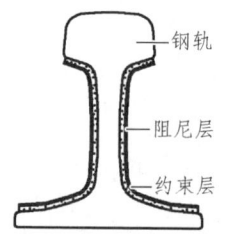

图 6-3　约束阻尼钢轨结构示意(崔日新,2015)

图 6-4　海南东环高铁海口市区段阻尼钢轨降噪措施(中铁四院,2018)

调频约束阻尼钢轨由约束阻尼降噪板、谐振式动力吸振器和固定夹三部分组成（图 6-5）[85]。约束阻尼降噪板连续布置在钢轨轨腰两侧，用以减小钢轨振动辐射噪声；谐振式动力吸振器布置在相邻扣件之间的钢轨翼缘表面，用以抑制对钢轨振动能量贡献较大的特殊频率的振动。固定夹将约束阻尼降噪板和吸振器压紧，使之贴合在钢轨表面上。改变固定夹的夹持力可以调节吸振器固有频率，满足不同频率的控制需求。

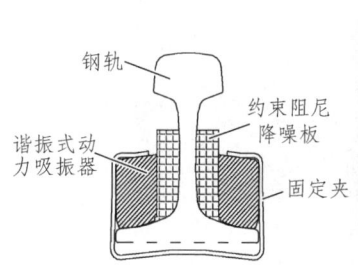

图 6-5　调频约束阻尼钢轨（王梦，2020）

国家铁路试验中心环形试验场的实车试验表明，在 120 km/h 试验车速下，距轨道中心线 25 m、轨面以上 3.5 m 处的噪声源强降低 3.6~4.6 dB（A）；距轨道中心线 30 m、地面以上 1.2 m 处的边界测点等效声级插入损失为 2.7~4.0 dB（A）。试验所采用的调频约束阻尼钢轨主要降噪频段为 400~2 500 Hz，其中，630~1 600 Hz 频段降噪效果显著。

3．受电弓导流罩（低噪声受电弓）

动车组高速运行时，受电弓区域的空气动力学噪声不容忽视。采用受电弓罩，将受电弓盖起来以降低噪声是一种常见的降低受电弓气动噪声的方法（图 6-6）。但是，受电弓罩降低噪声的程度有限，而且受电弓罩自身所产生的空气动力学噪声又成为一个新的噪声源。日本铁道综合研究所设计了结构简单的低噪声受电弓，如图 6-7 所示[86]，由弓头、铰接杆件和基座组成。弓头采用流线型设计，基座表面覆盖了吸声材料，绝缘子采用椭圆形层状结构抑制流动分离形成，使得气动噪声降幅达 4 dB。

图 6-6　受电弓罩

图 6-7　低噪声受电弓（朱剑月，2021）

日本东北新干线"疾风"号上安装了不带受电弓罩的新型低噪声受电弓[87]（图 6-7），由弓头、铰接杆件和基座组成。新型受电弓采用单臂形支架和流线型底框，弓头采用流线型设计，有效抑制了空气动力学噪声；收藏支架的底框槽尽量做薄，使流动的空气难以进入，充分抑制了支架与底框的干涉声。基座表面覆盖了吸声材料，绝缘子采用椭圆形层状结构抑制流动分离形成。新型低噪声受电弓比现有带罩受电弓的噪声降低了 4 dB 以上。

近年来，日本新型新干线车辆——E5 系和 E6 系（320 km/h）采用带多块分开式滑板的低噪声受电弓、受电弓隔声板来降低受电弓空气动力学噪声（图 6-8）[88]。

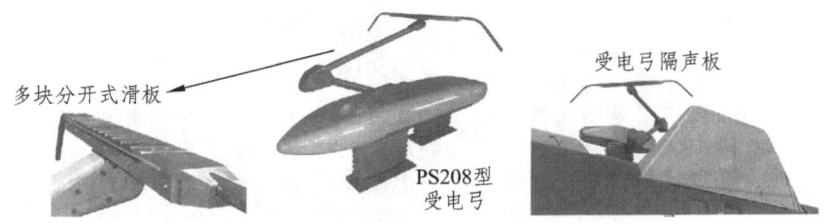

图 6-8　E5 系采用的低噪声受电弓［栗田健（日）］

4．钢轨声学打磨

钢轨不平顺（声学粗糙度）是引起轮轨噪声的重要因素，钢轨声学打磨可以减少短波不平顺、提高钢轨的平顺度、消除钢轨表明缺陷、改善轮轨关系，从而降低轮轨噪声，见图 6-9。

图 6-9　郑万高铁方城站附近道岔打磨施工（20190716，梁展　摄）

某高速铁路联调联试期间钢轨预打磨前后的短波不平顺度及噪声测试结果表明[89]，钢轨预打磨后试验动车组以 300 km/h 速度运行时噪声源强可降低 1.4 dB（A），噪声降低频带主要为 125 ~

800 Hz、1 600~2 500 Hz。由于钢轨预打磨后产生的 80 mm 周期性痕迹，在频率 1 000 Hz 处噪声增大，见图 6-10。

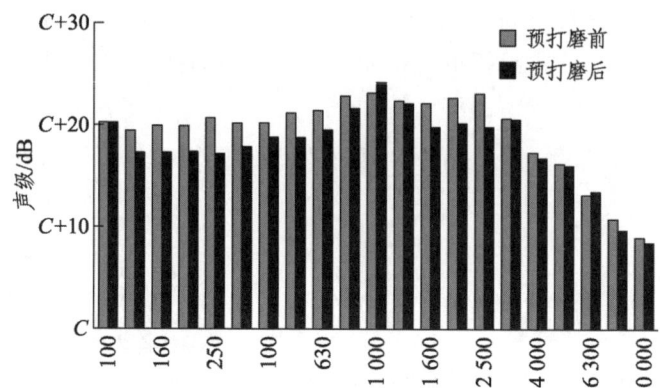

图 6-10　钢轨预打磨前后噪声源强的 1/3 倍频程谱对比（李志强，2021）

三、传播途径防治措施

当高速铁路噪声对所经过的已有或规划的噪声敏感建筑集中区域产生噪声污染时，传播途径上可采取设置声屏障、密植绿化林带（生态隔离带、降噪植物群落）等降噪措施。声屏障是高速铁路噪声传播途径上采取的主要工程降噪措施，在适合采用声屏障的路段，合理的声屏障设计可有效降低噪声。

根据生态环境部环境工程评估中心发布的《2020 年铁路行业环境评估报告》[90]，完成验收的国家审批铁路项目声屏障长度占线路比平均值为 15.4%，完成验收的"八纵八横"铁路声屏障长度占线路比平均值为 18.2%。

1. 铁路声屏障的设置与分类

（1）声屏障的设置条件[17]。

① 在线路纵向连续长度 100 m、距外侧轨道中心线 80 m 区域内，居民户数不小于 10 户，且铁路噪声排放大于现行《铁路边界噪声限值及其测量方法》GB 12525—1990 中规定的限值时，应采取声屏障措施。

② 在距线路外侧轨道中心线 80 m 区域内，分布有学校、医院（疗养院、敬老院），且铁路噪声排放大于现行《铁路边界噪声限值及其测量方法》GB 12525—1990 中规定的限值时，应采取声屏障措施。

（2）高速铁路声屏障分类。

根据声屏障所处位置分为路基声屏障和桥梁声屏障。路堤声屏障宜设于路肩上，并应符合工务作业要求；路堑声屏障宜设于堑顶外侧，并应满足边坡稳定性要求。桥梁声屏障应设于作业通道栏杆处。

立面形式上，声屏障有直立、折臂、弧形、半封闭、全封闭等形式。

结构形式上，可采用插板式、整体式、砌体式。插板式声屏障在立柱间插装吸声或隔声板材；整体式声屏障指采用预制或现浇混凝土单元板与基础形成一体的声屏障；砌体式声屏障是采用砌块砌筑形成的声屏障。

此外，根据声屏障材质还可分为金属声屏障和非金属声屏障。

现有各种铁路声屏障的特点见表 6-15[91]。

表 6-15　铁路声屏障特点

序号	立面形式	结构形式	描述	特点
1	直立	插板式	常用形式	安装简单，外形单一
2		整体式	多用于台风地区	维护简单，但结构自重较大
3		砌体式	采用具有吸（隔）声功能的砌块砌筑而形成	结构稳定，降噪效果好；一般结构厚度较厚，自重较大，不适用于桥梁
4			可与植物结合形成生态墙	具有生态、绿化、景观性的砌体式屏体

续表

序号	立面形式	结构形式	描述	特点
5	折臂	插板式	下部直立,顶部折臂	能够增大声屏障有效高度,提高降噪效果,但易与铁路附属构筑物相互干扰
6	弧形	插板式	多用于有景观要求的地段	能够增大声屏障有效高度,提高降噪效果;弧形能与桥梁遮板协调,景观性较好。但弧形结构对吸声板的制作和安装要求高
7	半封闭	插板式	设置在线路单侧,半包围结构	降噪效果好,常采用门式结构,但制作安装较难,造价偏高,维修维护较困难
8	全封闭	插板式	声屏障呈拱形包围线路	降噪效果很好,但结构复杂,安装难度大,造价高,维修维护困难

2．直立式声屏障

在我国高速铁路建设工程中,大量采用了直立式声屏障(图6-11)。目前,我国高速铁路直立式声屏障主要使用插板式金属声屏障,分为桥梁插板式和路基插板式两大类。2018年以前设置的桥梁声屏障高度为 2.15 m 和 3.15 m,路基声屏障高度为 2.95 m 和 3.95 m;2018年之后设置的桥梁声屏障高度为 2.3 m 和 3.3 m,路基声屏障高度为 3.0 m 和 4.0 m。

也有部分高速铁路采用直立式非金属插板式声屏障(图6-12)。

图 6-11　高速铁路直立式金属插板声屏障

图 6-12　成渝高速铁路直立式非金属插板式声屏障（罗文武　摄）

京津城际高速铁路声屏障项目是我国第一条 350 km/h 的高速铁路声屏障项目，工程采用德国旭普林工程公司声屏障技术，分别采用混凝土、铝合金+透明材料、铝合金及混凝土+铝合金+透明材料四种类型，为插板式安装方式，见图 6-13。

图 6-13　京津城际高速铁路声屏障

3．高速铁路减载式声屏障

由于高速铁路桥梁断面尺寸不断缩小，声屏障距线路中心距离减小，脉动风压进一步加大，声屏障单元板及安装强度需要进一步加强。在尺寸不变的情况下如车速提高也会引起脉动风压的增加，因而研制新型减载式声屏障，在确保降噪效果的前提下，降低声屏障表面压力，提高声屏障抗疲劳和安全性成为高速铁路声屏障设计的新要求。因此高速铁路声屏障不仅要具有良好的吸隔声性能，还要具有良好的结构动力学性能。其减载原理基于阻性消声原理，采用铝合金穿孔板作为外壳，内填吸声材料实现吸声性能；利用片式结构间的空腔泄压，达到减载目的。

2015 年 6—10 月，在大西高铁减载式声屏障路段（图 6-14）进行的现场测试表明[92]，当速度提高到 300～360 km/h 时，减载式声屏障插入损失大于普通直立式声屏障 1.7～3.2 dB（A）。以 H 钢立柱根部应变计算得到的 3 个测试段的减载率分别是：桥梁段 CRH380A 最低 32.62%，CRH380AM 最低 33.45%；路基段 CRH380A 最低 30.61%，CRH380AM 最低 30.44%。

图 6-14　大西高铁减载式声屏障（20170103 人民铁道报，北京铁电通联提供）

减载式声屏障在降低高频噪声中有明显优势，体现在 500～800 Hz 和 1 000～3 150 Hz 频段，与高速铁路噪声主频（中高频）基本对应[81]。

4．封闭式声屏障

当高速铁路线路两侧有高层住宅建筑时，直立式声屏障对较高楼层的降噪效果往往达不到要求，而封闭式声屏障对高层住宅所有楼层均具有较好的降噪效果。根据声学结构的封闭形式，封闭式声屏障可分为半封闭式声屏障和全封闭式声屏障。

（1）半封闭式声屏障。

半封闭式声屏障指声屏障沿纵向的支撑结构断面是完整的框架结构，而声学结构并未全部覆盖整个框架断面，见图 6-15、图 6-16。半封闭声屏障封闭一侧以及顶部的部分或全部，另一侧为敞开侧。

图 6-15　成都东站半封闭式声屏障（张书豪　摄）

图 6-16　杭绍台高铁半封闭式声屏障（蒋友青　摄）

（2）全封闭式声屏障。

全封闭式声屏障指声屏障沿纵向的支撑结构断面是完整的框架结构，除设置的消防开孔外，声学结构全部覆盖整个框架断面，见图 6-17。

图 6-17　京雄城际铁路固霸特大桥全封闭式声屏障（孙立君　摄）

京雄城际铁路北落店村固霸特大桥全封闭式声屏障，是中国首个速度 350 km/h 高速铁路钢结构全封闭式声屏障。该声屏障全长 847.25 m，主体结构采用圆形钢架，跨长 12.08 m，高 9.4 m，外围

使用总面积约 $2.2 \times 10^4 \text{ m}^2$ 的金属隔声板单元，相当于在高铁通行的大桥上修建了一道"隔声隧道"。

此外，京张高铁途经清华大学汽车研究所、紫荆学生公寓、西二旗智学苑和新硅谷小区等人口众多区域，并在这些区域设置了混凝土框架结构封闭式声屏障，长度总计 2.43 km。

京沈高铁北京市星火站至五环路段设置了全封闭式声屏障，全长 1.8 km，横向跨度 40~80 m，高度 15 m，是全国首个钢筋混凝土拱形薄壳结构全封闭式声屏障。上部结构采用预应力混凝土吸声式中空板，其同等面积的中空板比混凝土板质量轻 60%，隔声效果更好，确保了京沈高铁线上列车安静地穿越北京东五环路。

5．绿化林带

绿化林带是指在铁路路基和声环境敏感目标之间所栽植的乔木、灌木、草本等不同层次植物组成的密集林带。绿化林带具有一定的降噪作用，并使人在心理上产生安静感和舒适感。根据《国务院关于进一步推进全国绿色通道建设的通知》(国发〔2000〕31号)和《国务院关于坚决制止占用基本农田进行植树等行为紧急通知》(国发明电〔2004〕1号)的要求，在符合规定的需要防治铁路噪声的区段，可因地制宜选择降噪效果好的树种，采取乔灌结合、合理宽度的方法进行绿色通道建设，以满足一定的降噪要求。

采用绿化林带降噪应根据自然条件选择适合密植，且耐阴常绿的乡土植物，应乔、灌、草复合配置。绿化林带一般适用铁路两侧或一侧地形比较开阔的地带，由于 10 m 宽绿化林带的附加降噪量仅为 1~2 dB(A)，所以要根据实际情况和降噪效果要求设置绿化林带宽度[17]。

四、噪声敏感建筑物防治措施

1．拆迁或功能置换

对距高速铁路外侧轨道中心线 30 m 内的噪声敏感建筑物，在经济、技术等方面经方案论证采取工程降噪防治措施不合理时，可以采取拆迁、改变敏感建筑物使用功能等防治措施。

2. 隔声窗

对距高速铁路较远，或零星、分散的小规模噪声敏感建筑物，以及设置声屏障后仍不满足声环境标准要求或确不具备声屏障实施条件的噪声敏感建筑物可采取隔声窗措施。实践表明，在高速铁路噪声防治中，隔声窗作为一种辅助性的隔声措施，一般能保证高速铁路沿线噪声敏感建筑物的室内声环境要求。

五、我国高速铁路声屏障应用及效果

在我国高速铁路建设工程中，大量采用了声屏障控制工程，其中京沪高速铁路声屏障长度为 325 km，占正线里程的 24.66%。

1. 高速铁路声屏障结构形式

我国高速铁路主要使用插板式金属声屏障，约占声屏障总数量的 90% 以上，分为桥梁插板式金属声屏障和路基插板式金属声屏障两大类。此外，还安装了少量的混凝土整体式、插板式声屏障和顶端干涉式声屏障。不同结构形式的声屏障如图 6-18、图 6-19 所示[93]。

图 6-18 插板式金属声屏障

图 6-19　插板式混凝土声屏障

2. 我国高速铁路声屏障降噪效果

（1）直立式声屏障插入损失值[76]。

表 6-16 给出了我国高速铁路在不同线路条件下，测得的距离线路 25 m、与轨面等高位置处的声屏障插入损失值。测试结果表明：当高速动车组以 350 km/h 速度通过 2.15 m 高桥梁插板式金属声屏障时，在设有 1 m 高防护墙条件下，距离线路中心线 25 m 与轨面等高位置处，插入损失值为 3~7 dB（A）；对于设有 0.7 m 高防护墙条件下，同样位置处的插入损失值为 5~8 dB（A）。

表 6-16　高速动车组通过不同线路 2.15 m 高桥梁声屏障降噪效果测试结果

测试指标	高速铁路 1	高速铁路 2	高速铁路 3
插入损失值/dB（A）	3~6	5~7	6~8

表 6-16 中，高速铁路 1 声屏障距近侧轨道中心线 4.175 m，桥梁上设防护墙高度为高于桥面 1 m；高速铁路 2 和高速铁路 3 声屏障距近侧轨道中心线均为 3.4 m，桥梁上设防护墙高度为高于桥面 0.7 m。（v = 350 km/h）

对桥梁插板式金属声屏障插入损失值进行的频谱分析表明：在 50～500 Hz 频率范围内，声屏障的插入损失值较低，仅为 2～8 dB；在 630～5 000 Hz 频率范围内，声屏障的插入损失值较高，可达 5～13 dB，说明插板式金属声屏障对高频噪声降噪效果较好。

（2）封闭式声屏障降噪效果。

沪杭客专城区段（上海境内的林水美地苑处）距离铁路桥梁外轨中心线 42 m，桥梁高度 8.7 m，半封闭式声屏障长 300 m，净高 8 m。动车组运行速度 190 km/h，距离外轨中心线 30 m、地面 1.2 m 处，实测降噪效果 11.5 dB，较大地改善了林水美地苑处的环境噪声[94]。

我国部分高速铁路封闭式声屏障降噪效果如表 6-17 所示[46,66,94-98]。

表 6-17 高速铁路封闭式声屏障降噪效果

高铁线路	线路形式	声屏障形式	降噪效果/dB(A)	备注
沪昆高铁沪杭段	桥梁	平坡式屋面框架结构，半封闭	11.5	动车组速度 190 km/h，实测，距离 30 m、地面上 1.2 m
沪昆高铁杭长段	桥梁	钢架，半封闭	15.5	动车组速度 280 km/h，实测，距离 25 m、轨面上 0 m
哈齐客专	桥梁	半封闭，顶部整体单面坡，吸隔声材料采用外包整体式安装	12.1～14.4	动车组速度 140 km/h，实测，距离 20 m
赣深高铁广东段	桥梁	半封闭，侧向开孔	17.9	动车组速度 292.3 km/h，实测，距离 30 m
京雄高铁	桥梁	圆形钢架，全封闭	19.8～20.1	动车组速度 350 km/h，实测，距离 25 m、轨面上 3.5 m
京沈高铁	路基	拱式混凝土框架，全封闭	19.2	动车组速度 80 km/h，仿真，距离 60 m、轨面上 10 m

3. 我国高速铁路声屏障气动力指标

列车气动力是高速列车运行时带动周围空气随之运动形成的"列车风"作用在邻近线路声屏障等建（构）筑物上产生的波动压

力。压力波呈先正（压力）后负（吸力）形式，且正大于负。列车气动力与列车形状、运行速度以及声屏障距线路中心线的距离、声屏障的结构形式等因素有关。高速铁路插板式声屏障的声学构件为薄壁结构，在列车风的作用下会产生变形。此外，列车气动力可能引起声屏障自振，诱发结构噪声。

对于我国高速铁路大量使用的 2.15 m 高桥梁插板式金属声屏障，在不同线路条件下测得的气动力各项指标如表 6-18 所示[93]。

表 6-18 高速动车组通过不同线路 2.15 m 高桥梁声屏障脉动力测试结果

测试指标	高速铁路 1	高速铁路 2		高速铁路 3	
车速/(km/h)	330	350		350	
风压最大值绝对值/Pa	600~700	651~808		565~671	
最大挠度/mm	≤0.94	立柱：0.58~1.11	单元板：1.27~2.45	立柱：0.94~1.08	单元板：3.81~5.64
最大应力/MPa	4.71	立柱：7.28~8.97	单元板：1.43~1.96	立柱：10.47~11.02	单元板：2.25~2.52
固有频率/Hz	24.9	33.3		33.0	

测试结果表明：当动车组以 350 km/h 速度通过桥梁声屏障时，风压最大值绝对值在 565~808 Pa，立柱上的最大挠度为 0.58~1.11 mm，最大应力为 7.28~11.02 MPa；单元板上的最大挠度为 1.27~5.64 mm，最大应力为 1.43~2.52 MPa，各项指标均小于设计计算值。声屏障固有频率在 24.9~33.3 Hz，远大于动车组气动力的激励频率 3~5 Hz，未发生共振效应。

对于我国高速铁路使用的 2.95 m 高路基插板式金属声屏障，在不同线路条件下测得的气动力各项指标结果见表 6-19 所示[93]。

表 6-19　高速动车组通过不同线路 2.95 m 高路基声屏障脉动力测试结果

测试指标	高速铁路 2		高速铁路 3	
车速/(km/h)	350		350	
风压最大值绝对值/Pa	340~383		565~671	
最大挠度/mm	立柱：1.07~1.24	单元板：3.68~4.10	立柱：2.19~5.52	单元板：4.12~6.73
最大应力/MPa	立柱：8.45~9.99	单元板：2.62~3.34	立柱：13.63~17.87	单元板：4.20~6.22

（据辜小安等，2012）注：声屏障距近测轨道中心线均为 4.6 m。

测试结果表明：当动车组以 350 km/h 速度通过路基声屏障时，风压最大值绝对值在 340~671 Pa，立柱上的最大挠度为 1.07~5.52 mm，最大应力为 8.45~17.87 MPa；单元板上的最大挠度为 3.68~6.73 mm，最大应力为 2.62~6.22 MPa，各项指标均满足设计要求。

4．声屏障的日常维护、维修[100-101]

高速铁路运行速度高、开行密度大，声屏障受力情况复杂，容易出现疲劳损伤。2002 年通车的德国科隆至法兰克福线路和 ICE-3（城际特别快车）采用的声屏障就出现了损伤，后来这条线上的声屏障几乎全部拆除。我国某些高铁线路上设置的声屏障因未采取一体化设计，单元板和立柱之间并非一体，而是有连接的，因此在反复受力之后，产生松动、出现裂缝、声屏障屏体扑落等损伤，从而出现潜在安全风险，造成列车延误甚至停运。

对此，应对声屏障进行日常巡检，如发现螺栓松动、声屏障连接处混凝土出现裂缝、声屏障表面出现裂痕或声屏障单元板与单元板之间、声屏障单元板与 H 型钢之间出现松动，应及时维修。声屏障金属部件防腐寿命接近使用年限时应及时进行防腐处理，声屏障单元板与橡胶件接近使用寿命时应及时更换。管理部门日常维护中应重点检查声屏障与基础连接部位有无破裂、污损等现象，发现问题及时处理。

六、动车组运行速度对高速铁路声屏障降噪效果的影响

1. 高速铁路声屏障降噪效果测试方法

根据《高速铁路工程动态验收技术规范》（TB 10761—2013）[102]，声屏障降噪效果检测点位于声屏障外侧，距铁路外侧轨道中心线 25 m，距声屏障任一端向内的距离不应小于 50 m，见图 6-20。当检测点地面距轨顶高度小于或等于 1.2 m 时，应在高于地面 1.2 m 处布设测点；当检测点地面距轨顶高度大于 1.2 m 时，应在与轨顶面等高处布设检测点。同一检测断面内的检测点应采用同步检测的方法。每组检测数据应为同次列车以相同速度通过各检测点时的检测结果，同一类型列车、同一关键速度级下每个测点应至少检测 3 列，如图 6-21、图 6-22。

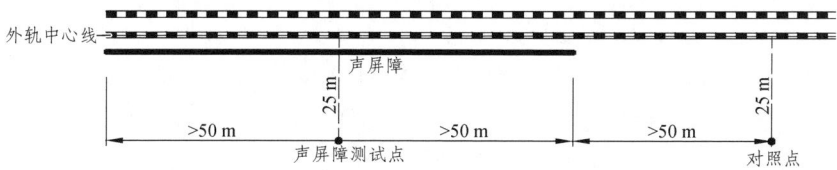

图 6-20　声屏障降噪效果测点示意

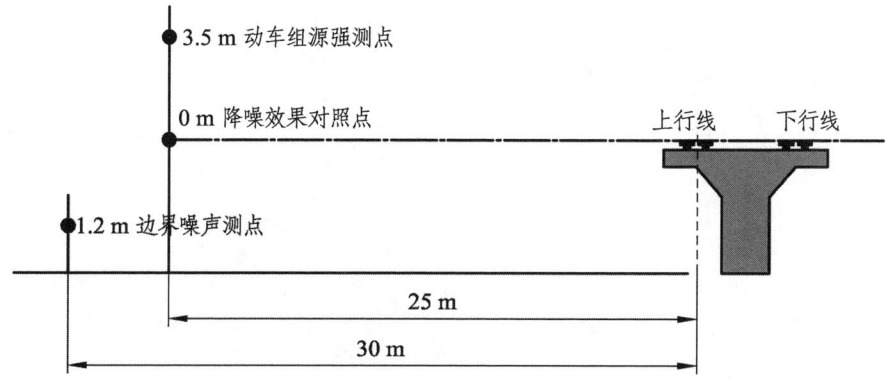

图 6-21　桥梁区段噪声测点布置示意

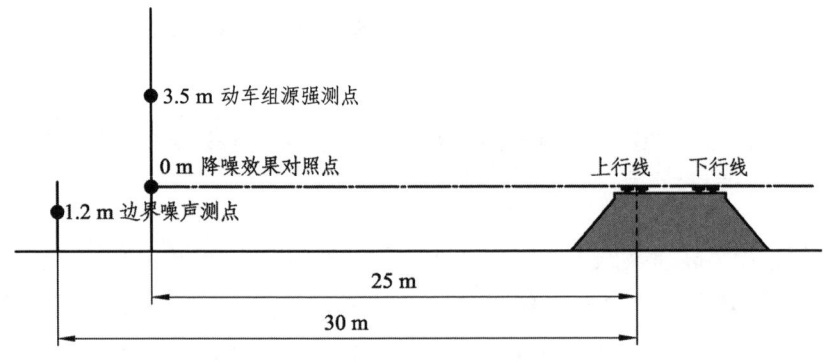

图 6-22 路基区段噪声测点布置示意

2. 动车组运行速度对声屏障降噪效果的影响

高速动车组噪声源主要由轮轨噪声、空气动力噪声、集电系统噪声等组成。动车组速度不同，各噪声源贡献量亦发生变化，对声屏障降噪效果会产生影响。一般而言，高速铁路声屏障降噪效果随车速增加而降低[103]。

（1）有砟轨道高速铁路。

厦深铁路厦漳段为有砟轨道，设计速度为 250 km/h，路基段声屏障采用 2.95 m 高非金属插板式声屏障。声屏障插入损失（IL）效果随动车组运行速度 v 的变化如图 6-23 所示。

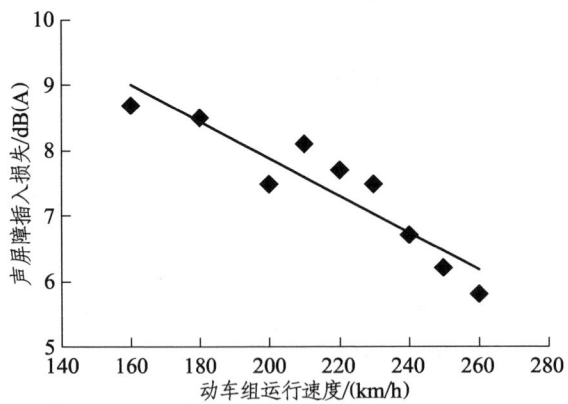

图 6-23 厦深铁路厦漳段 2.95 m 高非金属插板式路基声屏障降噪效果随速度的变化（有砟轨道，250 km/h）

$$IL = -0.028\,3v + 13.55\,(R^2 = 0.864\,2)$$

（2）无砟轨道高速铁路。

沪杭高铁采用 CRTS Ⅱ 型板式无砟轨道，设计速度为 350 km/h。金属插板式声屏障插入损失随动车组运行速度的变化如图 6-24 所示。

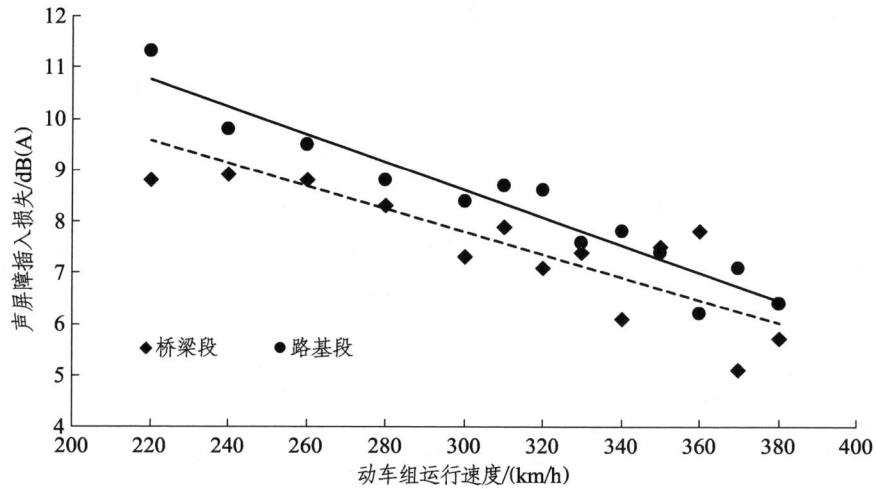

图 6-24　沪杭高铁金属插板式声屏障降噪效果随速度的变化
（CRTS Ⅱ 型板式无砟轨道，350 km/h）

路基段 2.95 m 高金属插板式声屏障：

$$IL = -0.027v + 16.716\,(R^2 = 0.918\,1)$$

桥梁段 2.15 m 高金属插板式声屏障：

$$IL = -0.019\,8v + 13.629\,(R^2 = 0.689)$$

赣深高铁江西段采用 CRTS Ⅲ 型板式无砟轨道，设计速度为 350 km/h。2.3 m 高桥梁金属声屏障、2.95 m 高路基金属声屏障插入损失随动车组运行速度的变化如图 6-25 所示。

路基段 2.95 m 高金属插板式声屏障：

$$IL = -0.038\,9v + 20.398\,(R^2 = 0.925\,1)$$

桥梁段 2.3 m 高金属插板式声屏障：

$$IL = -0.027\ 1v + 13.851(R^2 = 0.948\ 5)$$

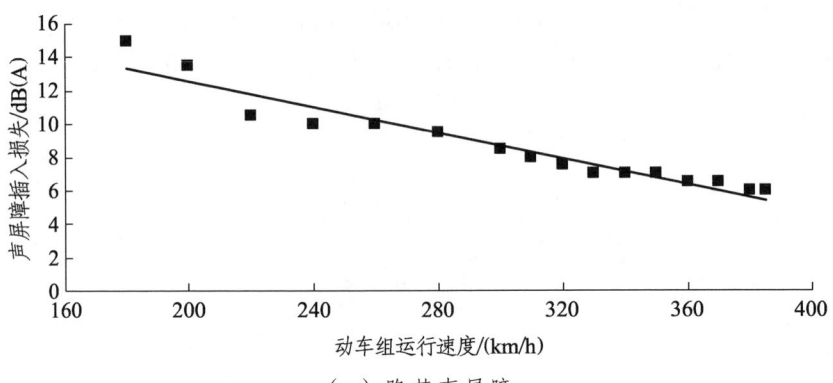

（a）路基声屏障

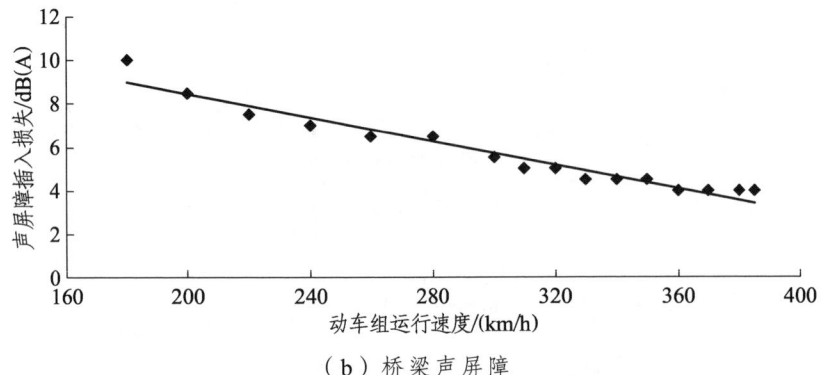

（b）桥梁声屏障

图 6-25　赣深高铁江西段金属插板式声屏障降噪效果随速度的变化
（CRTSⅢ型板式无砟轨道，350 km/h）

成贵高铁采用 CRTS Ⅰ型双块式无砟轨道，设计速度为 250 km/h。2.95 m 高路基非金属声屏障插入损失随动车组运行速度的变化如图 6-26 所示。

$$IL = -0.067\ 7v + 24.717(R^2 = 0.95)$$

特别要注意的是，以上提及的声屏障降噪效果是根据《高速铁路工程动态验收技术规范》（TB 10761—2013），而不是声环境敏感建筑物处的降噪效果，即不能反映声屏障在声环境保护目标处的实际降噪量。

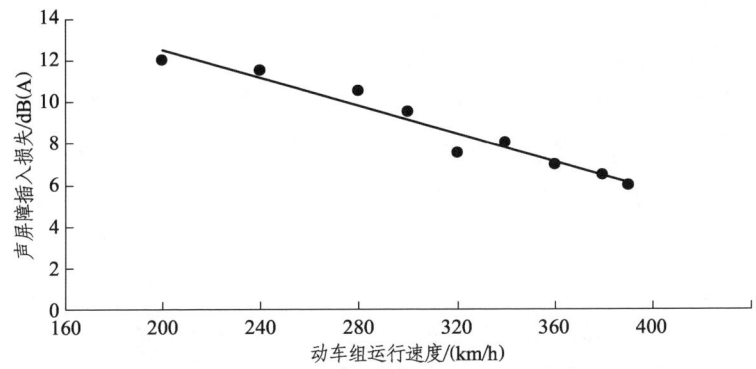

图 6-26　成贵高铁非金属插板式声屏障降噪效果随速度的变化
（CRTS Ⅰ 型双块式无砟轨道，250 km/h）

七、综合降噪措施

前述单一降噪措施的降噪效果、降噪范围有限，难以完全满足降噪需求，此时应采取综合降噪措施。《中华人民共和国噪声污染防治法》第五十六条规定：因铁路运行产生噪声造成严重污染的，铁路运输企业和设区的市、县级人民政府应当对噪声污染情况进行调查，制定噪声污染综合治理方案。铁路运输企业和设区的市、县级人民政府有关部门和其他有关单位应当按照噪声污染综合治理方案的要求采取有效措施，减轻噪声污染。

根据现场工程实际情况、路侧声环境敏感建筑物室内外声环境质量要求，综合降噪措施可采用声源降噪+传播途径降噪、声源降噪+受声点隔声、传播途径降噪+受声点隔声、声源降噪+传播途径降噪+受声点隔声等不同的主动被动组合降噪隔声措施。

1. 声源降噪+传播途径降噪

邵琳等（2019）在我国某高速铁路的城市区域低速区段进行了钢轨阻尼与声屏障组合措施降噪试验[104]，该段线路为路基、有砟轨道；试验列车为 CRH5J-0501 综合检测列车，8 辆编组；试验实测速度为 67~69 km/h、142~146 km/h。分别选取钢轨阻尼与声屏障组合措施区段、声屏障区段及对照区段 3 处进行降噪效果对比试验。钢轨阻尼区段在钢轨的两侧粘贴阻尼，阻尼敷设在钢轨上翼缘、轨腰及钢轨下翼缘，采用钢板作为约束层，构造为多层阻尼板与约束层组合，并在表面采用橡胶保护层防止其老化，阻尼铺设长度占降噪线路总长度的 50%。直立式声屏障为金属声屏障单元板加通透隔声板结构。钢轨阻尼+声屏障组合降噪措施相对于声屏障降噪措施的附加降噪效果见表 6-20 所示。

表 6-20 不同速度下降噪措施的插入损失值

距外侧线路中心的距离/m	车速/(km/h)	插入损失值 [(阻尼钢轨+声屏障)－声屏障]
7.5	67~69	1.6
	142~146	2.0
25	67~69	0.8
	142~146	0.6

在声屏障外侧测点，距外侧线路中心 7.5 m、25.0 m 处钢轨阻尼+声屏障组合降噪措施相比单一声屏障措施，钢轨阻尼的附加降噪效果分别为 1.6~2.0 dB（A）、0.6~0.8 dB（A）。频谱分析表明，组合降噪措施在中高频段效果较明显，钢轨阻尼对轮轨噪声主要作用频率具备降噪效果。

2．声源降噪＋传播途径降噪＋受声点隔声[50]

城际花园小区住宅楼为 31~34 层的高层建筑，共 700 余户，距离太焦高铁 26 米，位于线路南侧。该段线路为路堤形式，高于小区建基面 2.1 米［图 6-27（a）］。为缓解高铁运行噪声的影响，在城际花园路段设置阻尼钢轨 610 延米［图 6-27（b）］，设置 8 米高+4 米折角式声屏障 610 延米［图 6-27（d）］，城际花园小区住户自行安装隔声窗［图 6-27（c）］。

（a）城际花园小区与太焦高铁位置关系

（b）阻尼钢轨

（c）隔声窗

(d) 8米高+4米折角式声屏障

图 6-27　太焦高铁城际花园段综合降噪效果图

阻尼钢轨可降低声源噪声，折角式声屏障可降低其声影区内的噪声，声影区外的高楼层仍然受高铁运行噪声的较大影响。室外声环境难以达标，安装专业隔声窗可保障室内声环境质量。

近年来，我国高速铁路噪声控制技术取得了较大进展[105-106]，研制了新型高速列车约束阻尼降噪车轮，降低轮轨噪声。优化受电弓安装和导流，采取下沉式安装槽优化设计，降低了受电弓噪声。基于阻尼缓冲技术和顶端干涉技术研发新型声屏障，插入损失值比普通金属声屏障高约 2 dB（A），在提高声屏障降噪性能的同时，降低了脉动荷载对声屏障的影响。研发了聚合微粒吸声板和泡沫铝吸声板两种轨道吸声产品，以及高速铁路新型调频阻尼钢轨和微孔岩矮屏障、泡沫铝矮屏障两种新型高速铁路矮屏障。

第四节 高速铁路环境振动防治措施

对振动敏感建筑物和对振动环境质量有特殊要求的振动环境敏感目标，应从降低振动源强、阻隔传播途径和建筑物隔振等方面提出工程治理或综合防治措施[17]。铁路工程振动污染防治是一项综合治理工程，需从多方面、多角度加以综合考虑。高速铁路环境振动防治措施主要有源头减振、轨道结构减振、传播途径隔振（隔振屏障），以及运营管理措施。

1. 源头减振

从降低振动源强方面考虑，选用低振动车辆，如采用弹性车轮、阻尼车轮及弹性踏面等车轮技术；对车辆、轨道、桥梁结构或设备基础设置减振垫；采用钢轨减振器（阻尼钢轨）、轨道减振扣件、道砟垫等轨道减振措施；桥梁结构采用减振型桥梁支座、桥梁吸振器等；有列车通过的高架站房基础尽量与正线桥梁基础隔离等，均可从源头上降低振动影响。加大高速铁路振动源与振动敏感目标之间的距离，可减轻铁路振动对敏感目标的影响。

2. 轨道结构减振

轨道结构主要包括钢轨、扣件、道床以及路基等，可采用的轨道结构减振措施有轨道弹性支承系统，如弹性轨枕、道砟垫、道床垫、弹性扣件等；也可通过提高轨道刚性达到减振效果，如采用重型钢轨等。根据相关类比测试数据，无缝线路、重型钢轨与标准轨相比，振动可降低 2~7 dB。无缝线路、重型钢轨是防治振动影响的主动控制措施之一。

高速铁路减振无砟轨道主要采用浮置板式轨道结构，通过在轨道板下设置弹性减振垫，隔离振动向基础的传递，从而实现减振目标。日本高速铁路主要采用弹直 D 型轨道及板式减振轨道,德国高速铁路主要采用旭普林浮置板系统、Rheda2000 浮置板系统、博格质量-弹簧系统等。我国高速铁路主要采用双块式和板式减振无砟轨道,先后修建了广深港客运专线狮子洋隧道 CRTS Ⅰ 型板式减振轨道、兰新高铁下穿嘉峪关古长城段(明代长城,国家重点文物保护对象)双块式减振轨道(上行线)和 CRTS Ⅲ 型板式减振轨道(下行线)、大西客运专线 CRTS Ⅰ 型双块式减振轨道等[107]。

我国标准板式减振结构从上至下分为轨道板、自密实混凝土层、减振垫和底座。减振垫铺设方式分为面铺、条铺和点铺 3 种。以我国标准板式无砟轨道结构为例,面铺是在自密实混凝土层和底座之间全面积铺设减振垫;条铺是在自密实混凝土层和底座之间对应两根钢轨位置处,各铺设纵向条状减振垫;点铺是在自密实混凝土层和底座之间,每块轨道板从端部第 1 个承轨台开始,分别在第 1,3,5,7,9 个承轨台对应位置下方铺设点状减振垫。条铺减振垫宽度为 0.3 m;点铺减振垫宽度为 0.3 m,长度为 0.4 m。我国已建高速铁路减振轨道目前采用刚度为 0.03~0.05 MPa/mm 的减振垫,铺设方式为板下满铺。

大西客运专线减振轨道减振垫刚度采用 0.03 MPa/mm,隧道边墙处减振效果为 7 dB(Z);成灌铁路减振轨道减振垫刚度采用 0.019 MPa/mm,梁面处减振效果为 9 dB(Z)。

广深港客专福田站以隧道下穿城区,设计速度为 200 km/h,铺设了 1 664.18 m(双线延米)CRTS Ⅰ 型减振型板式无砟轨道[108]。弹性减振垫板设置在底座和 CA 砂浆之间,减振垫层宽度与轨道板对齐,厚度为 27 mm,减振垫层静刚度采用 0.019 N/mm³。现场测试表明,CRTS Ⅰ 型减振型板式无砟轨道地面减振效果为 5.5~6.4 dB,沿线环境振动可满足《城市区域环境振动标准》(GB 10070—1988)所规定居民、文教区振动昼间小于 70 dB、夜间小于 67 dB 的要求。

兰新高铁穿越嘉峪关长城段 CRTS Ⅰ 型减振型无砟轨道减振垫层静刚度采用 0.046 N/mm³,当动车组以 160~220 km/h 速度通过减振型无砟轨道地段时,长城顶端水平振动速度幅值为 0.19 mm/s,满足容许振动最大速度 ≤0.25 mm/s 的保护要求[109]。

3. 传播途径隔振（隔振屏障）

传播途径隔振措施主要是在高速铁路振动传播途径上设置各种隔振屏障，以阻断振动弹性波能量的传播。隔振屏障的形式主要有沟式屏障、排桩和波阻块（WIB）等。

（1）沟式屏障（隔振沟）。

对振动干扰频率大于 20 Hz 的场地隔振，可采用沟式屏障。沟式屏障的长度应根据隔振对象的长度、沟式屏障与隔振对象距离、隔振对象的容许振动标准等综合确定，并应大于隔振对象的长度。

研究表明，沟式屏障隔振的效果主要和深度有关，和沟的宽度关系不大。一般来说，深度越深隔振效果越好，隔振沟的深度不宜小于场地瑞利波波长的 1/2，沟深大于 1 倍瑞利波波长时，隔振效果可达 60%~80%。工程应用中，屏障沟深还需综合考虑开挖及应用的安全性和可行性。因此，对于干扰频率比较低，波长较长的情况，受隔振沟开挖深度的限制，不宜用沟式屏障进行隔振。

沟式屏障可采用填充沟或空沟（图 6-28、图 6-29），无充填的空沟存在沟自身稳定及安全问题，不同的充填材料隔振效果不同。

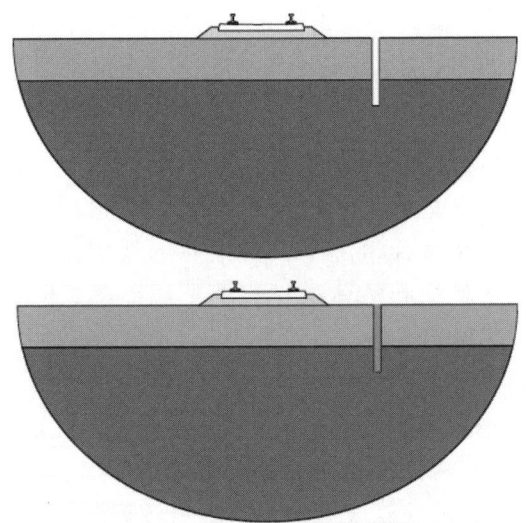

图 6-28 无充填隔振沟和充填隔振沟（RIVAS，2013）

图 6-29　德国杜塞尔多夫铁路隔振沟，填充材料为水泥-膨润土，上铺聚苯乙烯泡沫塑料（K. R. Massarsch, 2004[110]）

（2）排桩式屏障[111]。

对主要干扰频率大于 10 Hz 的场地隔振可采用排桩式屏障隔振。在振源与建（构）筑物之间设置一系列等间距分布的桩（孔），其原理与沟式屏障类似，不同之处在于其非连续性，其工程可行性优于沟式屏障。

排桩的深度不宜小于场地瑞利波的波长，且排桩底部应深于地下振源 3 m 以上。排桩可采用单排、双排或多排，排桩间距宜为桩直径的 1.5 倍；当排桩为双排和多排时，两排之间的距离可取桩直径的 2.5 倍。排桩的桩径不宜小于 0.4 m，且不宜大于 1.0 m。

当干扰频率较低需要设置很深的隔离屏障时，采用沟式屏障遇到施工技术和安全等方面的困难，或者对于地下轨道交通等地下振源的隔振，在这种情况下，可以考虑选用排桩式隔振屏障。岩石类场地的波阻抗和桩体材料相似，因而隔振效果不明显，不适宜使用。

影响排桩隔振效果的因素主要包括桩直径、间距、深度、桩数或排长、排数、排间距以及桩身材料的性质。为了获得较好的隔振效果，桩长一般需达到 1 倍波长；而排桩每边超过隔振对象不宜少于 5 m，排桩尽量靠近隔振对象，当距离较远时，为保证隔振效果可适当增加排桩宽度。另外，当隔振桩的间距较大时，双排桩的隔振效果要明显优于单排桩。对于单排桩，桩径不宜小于 600 mm；对于双排桩或多排桩，桩径不宜小于 400 mm，也会取得较好的隔振效果。

（3）靠近轨道的旋喷墙或板桩墙。

在铁路轨道与振动敏感建筑物之间（振动传播途径）设置旋喷墙或板桩墙，也可起到一定的隔振作用，见图 6-30、图 6-31。

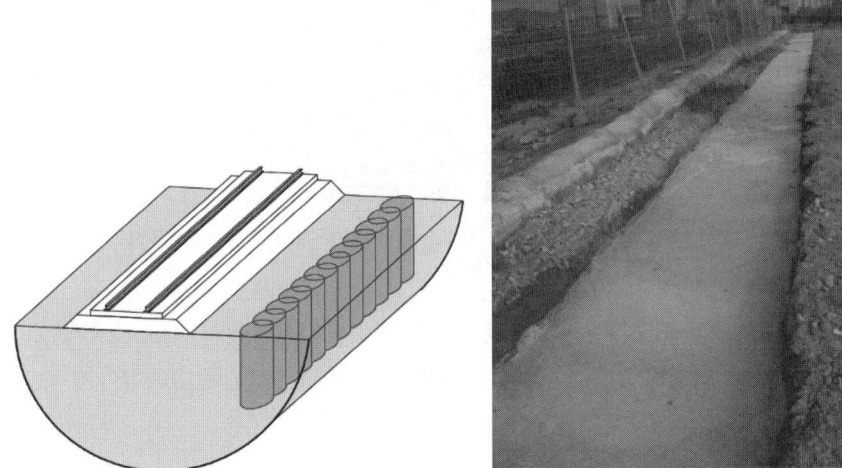

图 6-30　西班牙 El Realengo 桥梁段旋喷墙试验地点（RIVAS，2013）

图 6-31 瑞典 Furet 路基段板桩墙试验地点（RIVAS，2013）

（4）波阻块（WIB）。

此外，对于高速铁路引发低频振动的隔振，可采用蜂窝状波阻块（HWIB）隔振，在瑞士和我国台湾已有工程应用。

4. 振动敏感建筑物防治措施

（1）拆迁或功能置换。

对高速铁路沿线超标的振动敏感建筑物，在经济、技术等方面经方案论证采取工程减振、隔振措施不可行时，可以采取拆迁、改变敏感建筑物使用功能等防治措施。

（2）敏感建筑物隔振。

对设置轨道减振、传播途径隔振措施后仍不满足振动标准要求或确不具备传播途径隔振措施实施条件的振动敏感建筑物，可对建筑物基础采取减振、隔振措施，也可以有效控制振动的影响。成自高铁下穿成都天府国际机场 T1 航站楼，为了更大程度地降低高铁列车通过航站楼结构时诱发的振动和结构噪声，减少对上部航站楼结构的影响，提高旅客候机舒适性，在高铁顶板上航站楼结构与高铁结构连接位置设置了隔振器隔振系统，切断了振动主要传播途径。

5. 运营管理措施

轮轨粗糙度是引起轮轨相互作用的根本因素，降低轮轨表面粗糙度就能有效减弱轮轨相互作用，使得轮轨系统的振动水平下降。线路光滑、车轮圆整等良好的轮轨条件可比一般线路条件降低振动 5~10 dB。因此，线路运营后应严格执行养护维修作业计划，定期修磨轨面，确保轨道处于良好的平顺状态，从而达到减振降噪的目的。同时还应加强营运期跟踪和类比监测，根据监测结果及时调整措施。

6. 中国台湾台南科学园区高铁减振工程[112]

台湾高速铁路（台北至高雄）全长 345 km，采用日本新干线技术，最高营运速度 300 km/h，2007 年 1 月 5 日正式建成通车。高速铁路在台南市贯穿南部科学工业园区右侧南北 5 km，由于顾虑到高铁运行引起的大地振动对园区内多家高精密度晶圆厂（如台积电、联电、康宁等）的正常生产可能产生较大影响，部分厂商计划出走。

高速铁路以桥梁形式通过南科园区，软土地质条件，地下水位 5~10 m。高架桥标准跨距 30 m，上部结构为混凝土箱梁，桥墩为 2.4 m×3.2 m 矩形柱，桥墩含帽梁的高度为 8 m，下部结构为 5 根 1.8 m 直径的桩基，桩长 50~67 m。园区背景振动 52 dB，计算表明，距离高铁线路 200 m 处，若无任何减振措施，2~12.5 Hz 的振动超过 68 dB。

（1）复合减振工法。

为解决南科园区振动问题，鸿华联合科技股份有限公司采用了基础加劲构造减振与弹性减振墙的复合减振工法，于 2006 年 8 月 31 日完工，总造价 80.5 亿元新台币。基础加劲构造使用钢筋混凝土 154 440 m³、减振连接器 1 144 座；弹性减振墙使用钢筋混凝土 27 000 m³，弹性材料 40 500 m³。

基础加劲构造减振机制：在桥墩下方加以基础加劲，以减振连接器将加劲构造与高铁桩基础的桥墩基础连接起来。这种基础加劲工法具有四个特点：以基础加劲构造降低振动源的振幅，改变振动频谱，将点振源变成线振源（即将独立桩基础变成连续基础），减少透过基桩底部的深层波传播而改变成浅层传播，阻止大多数振动波沿着桩基往下传播（图 6-32）。

图 6-32　基础加劲构造减振（林宏荣，2007）

复合式隔振壁：在距高铁桥墩 15～30 m 处构筑一条与线路平行、深 45 m、宽 1.2 m、长 5 km 的地下钢筋混凝土连续壁，然后在连续壁面向高铁一侧放置一片深 15 m、宽 0.45 m、长 5 km 的弹性减振墙，弹性减振墙由多块特殊橡胶材料的块状结构组成（图 6-33～图 6-35）。

图 6-33　复合式隔振壁（林宏荣，2007）

图 6-34　块状弹性减振材料（林宏荣，2007）

图 6-35　弹性减振材料保护盖板（林宏荣，2007）

这是一个与基础加劲构造减振机制相互配套的方案，先以基础加劲构造减振机制将点振源变成线振源，从而降低振动源的振幅，减少透过基桩底部的深层波传播而改为浅层传播；然后再以弹性减振墙减振机制来阻绝浅层的波传，减少振动，达到充分减振的效果。

因独立的桩基础在顶端被连接起来，故减少透过基桩底部的深层波传而改变成浅层传播，然后再以弹性减振墙来阻绝浅层的波传，减少振动，达到充分减振的效果。

（2）减振效果。

在减振区段设置 2 条测线（P287、P289），在距减振工程南端 1 km 的非减振区段设置 2 条测线（P438、P442）。测线均通过桥墩中心并垂直于线路，两条测线间距 90 m。2007 年 1—2 月，现场测试高铁列车运行引起的场地振动平均值（小于 10 Hz 的最大分贝值）见表 6-21 所示。

表 6-21 减振区段与非减振区段振动测试结果

距高铁中心线距离/m	P287/P289 振动平均值		P438 振动平均值		P442 振动平均值	
	最大分频振动/dB	优势频率/Hz	最大分频振动/dB	优势频率/Hz	最大分频振动/dB	优势频率/Hz
0	69.1	10	62.6	6.3	62	3.15
71	60.3	10	61.3	3.15	64.6	6.3
100	57.4	10	61.1	6.3	62.8	3.15
200	50.1/51.6	10/10	59.7	3.15	62.0	3.15
300	49.7	10	58.3	3.15	58.7	3.15
400	44.8	3.15	54.1	3.15	51.5	3.15
600	46.4	3.15	53.1	3.15	51.8	3.15

距高铁中心线 200 m 处，减振效果为 9.6 ~ 11.9 dB，达到了 9 dB 的减振目标；距高铁中心线 400 m 处，减振效果为 6.7 ~ 9.3 dB，达到了 6 dB 的减振目标。

第五节 高速铁路声屏障声学设计

高速铁路声屏障设计主要包括声学设计、结构设计、附属设施和接口设计，依据的规范是《铁路声屏障工程设计规范》（TB 10505—2019）[91]。

一、声屏障声学设计

高速铁路声屏障设计宜根据高速铁路工程近期列车类型、编组数量、对数、设计速度等因素确定。声屏障应根据铁路噪声源强特征、声环境敏感目标噪声控制要求进行声学设计。

1. 设计目标值

声屏障设计目标值采用 A 声级,按式(6-4)计算确定:

$$\Delta L_{\mathrm{eq}} = L_{\mathrm{eq,m}} - L_{\mathrm{eq,t}} \tag{6-4}$$

式中　ΔL_{eq}——声屏障设计目标值,dB(A);
　　　$L_{\mathrm{eq,m}}$——声屏障设置前受声点处的环境噪声,dB(A);
　　　$L_{\mathrm{eq,t}}$——声环境敏感目标要求的环境噪声,dB(A)。

既有铁路的噪声源及频谱特性、声屏障设置前受声点的环境噪声宜通过现场实测获得;新建或改建铁路的噪声源强及频谱特性宜通过类比测试确定。声屏障设置前受声点的环境噪声可按式(6-5)计算确定:

$$L_{\mathrm{eq,m}} = 10\lg\left[\frac{1}{T}\left(\sum_i n_i t_{\mathrm{eq},i} 10^{0.1 L_{\mathrm{eq,p},i}} + T 10^{0.1 L_{\mathrm{eq,b}}}\right)\right] \tag{6-5}$$

式中　$L_{\mathrm{eq,m}}$——声屏障设置前受声点处的环境噪声,dB(A);
　　　T——接近列车平均运行密度的时间,s,取 3 600;
　　　n_i——T 时间内通过的第 i 类列车列数;
　　　$t_{\mathrm{eq},i}$——第 i 类列车通过的等效时间,s;
　　　$L_{\mathrm{eq,p},i}$——第 i 类列车通过时的等效声压级,dB(A);
　　　$L_{\mathrm{eq,b}}$——T 时间内的背景噪声,dB(A)。

声屏障设计目标值与声屏障插入损失值关系应满足式(6-6)要求:

$$\Delta L_{\mathrm{eq}} \leqslant 10\lg\left[\frac{\sum x_i 10^{0.1 L_{\mathrm{eq,p},i}} + 10^{0.1 L_{\mathrm{eq,b}}}}{\sum x_i 10^{0.1(L_{\mathrm{eq,p},i} - \mathrm{IL}_i)} + 10^{0.1 L_{\mathrm{eq,b}}}}\right] \tag{6-6}$$

式中　ΔL_{eq}——声屏障设计目标值,dB(A);

IL_i——第 i 类列车通过时声屏障的插入损失值，dB（A）；
$L_{eq,p,i}$——第 i 类列车通过时的等效声压级，dB（A）；
x_i——第 i 类列车通过时的等效时间占 T 时间的百分比，即 $x_i = t_{eq,i}/T$；
$L_{eq,b}$—— T 时间内的背景噪声，dB（A）。

式（6-6）考虑了列车通过时瞬时噪声高的特性。

2. 声屏障插入损失

声屏障插入损失应按式（6-7）确定：

$$IL = \Delta L_d - \Delta L_t - \Delta L_r - (\Delta L_s, \Delta L_G)_{max} \qquad (6\text{-}7)$$

式中　IL——声屏障的插入损失值，dB；
　　　ΔL_d——声屏障的绕射声衰减量，dB；
　　　ΔL_t——声屏障的透射降低量，dB；
　　　ΔL_r——声屏障的反射降低量，dB；
　　　ΔL_s——其他障碍物的声衰减量，dB；
　　　ΔL_G——地面效应声衰减量，dB；
　　　$(\Delta L_s, \Delta L_G)_{max}$—— ΔL_s 和 ΔL_G 两者中的较大值。

（1）绕射声衰减量计算。

无限长线声源及无限长屏障的绕射声衰减量应按式（6-8）、式（6-9）和图 6-36 计算确定：

$$\Delta L_d = \begin{cases} 10\lg\left(\dfrac{3\pi\sqrt{1-t^2}}{4\arctan\sqrt{\dfrac{1-t}{1+t}}}\right), & t = \dfrac{40f\delta}{3c} \leqslant 1 \\ 10\lg\left[\dfrac{3\pi\sqrt{t^2-1}}{2\ln(t+\sqrt{t^2-1})}\right], & t = \dfrac{40f\delta}{3c} > 1 \end{cases} \qquad (6\text{-}8)$$

$$\delta = A + B - d \qquad (6\text{-}9)$$

式中　ΔL_d——无限长线声源及无限长屏障绕射声衰减量，dB；
　　　f——声波频率，Hz；

δ——声程差，m；

c——声速，空气中取 340 m/s；

A——声源至声屏障顶端的距离或声源经折板端部连线至直板延长线的距离，m；

B——受声点至声屏障顶端的距离或受声点至声源经折板端部连线与直板延长线交点的距离，m；

d——声源与受声点之间的直线距离，m。

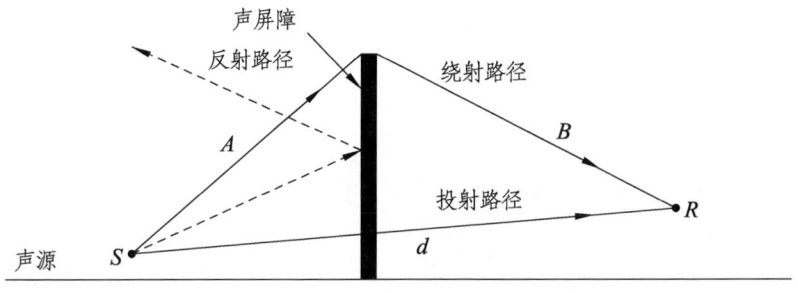

图 6-36　直立式声屏障声程差计算图

有限长屏障绕射声衰减量应根据图 6-37 和图 6-38 对式（6-8）的计算结果进行修正。

声屏障插入损失宜按声源倍频带声压级（中心频率 31.5 ~ 8 000 Hz）或 1/3 倍频带声压级（中心频率 20 ~ 8 000 Hz）分频计算。简化计算时高速铁路声源等效频率宜为 1 250 Hz。车辆下部轮轨区域声源等效高度为线路中心线、轨顶平面以上 0.5 m 处，下部区域声源能量占声源总能量的 60%；车辆中部空气动力性声源等效高度为线路中心线、轨顶平面以上 2.0 m 处，中部区域声源能量占声源总能量的 40%。

（2）声屏障透射降低量 ΔL_t 按式（6-10）计算确定：

$$\Delta L_\mathrm{t} = \Delta L_\mathrm{d} + 10\lg(10^{-\Delta L_\mathrm{d}/10} + 10^{-\mathrm{TL}/10}) \tag{6-10}$$

式中　ΔL_t——透射降低量，dB；

ΔL_d——绕射声衰减量，dB；

TL——传声损失，可取 30，dB。

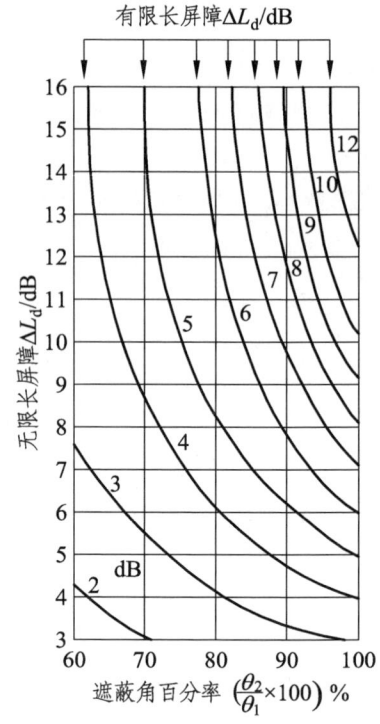
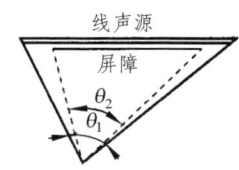

图 6-37 有限长屏障绕射声衰减量修正　　图 6-38 遮蔽角示意

当声屏障降噪系数（NRC）大于等于 0.6 时，可不考虑其反射降低量（ΔL_r）；降噪系数小于 0.6 时，其反射降低量可按 2 dB 考虑。

（3）地面效应声衰减量。

地面效应声衰减量（ΔL_G）宜通过现场实测确定。现场实测困难时，可根据声源和受声点间的地面情况确定。声源和受声点间地面为硬地面时，地面效应声衰减量 ΔL_G 可不计；声源和受声点间地面为疏松地面时，地面效应声衰减量可按式（6-11）计算确定：

$$\Delta L_G = 4.8 - \frac{2h_m}{d}\left(17 + \frac{300}{d}\right) \geq 0 \quad (6-11)$$

$$h_m = \frac{F}{d} \quad (6-12)$$

式中　ΔL_G——地面效应声衰减量，dB；
　　　h_m——传播路径平均离地高度，m；
　　　d——声源与受声点间的直线距离，m；
　　　F——声源、受声点以及地面轮廓线所围合成封闭图形的面积，m^2，可按图 6-39 所示计算。

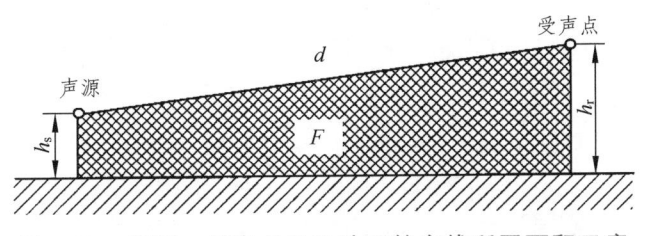

图 6-39　声源、受声点以及地面轮廓线所围面积示意

3. 声屏障长度

声屏障长度、高度应根据插入损失设计目标值要求，按无限长线声源、有限长声屏障计算模型计算确定。声屏障长度包括声环境敏感目标沿线路的分布长度和两端附加长度，附加长度为遮住声环境敏感目标后的长度再往两端延伸的长度。附加长度主要通过声学计算确定，且不宜小于 50 m。

$$b = 0.15 \mathrm{IL} d \quad (6\text{-}13)$$

式中　b——声屏障附加长度，m；
　　　d——声源与受声点之间的直线距离，m；
　　　IL——声屏障插入损失值，dB（A）。

二、声屏障声学构件

声屏障声学构件是声屏障中起隔声和/或吸声等作用的单元。金属声屏障声学构件是指其主体结构采用金属材料的声屏障声学构件；非金属声屏障声学构件是指其主体结构采用非金属材料的声屏障声学构件。声屏障声学构件设计使用年限不应小于 25 年。

声屏障声学构件的性能也是声屏障声学设计的重要内容。《铁路声屏障声学构件》（TB/T 3122—2019）、《铁路插板式金属声屏障单元板通用要求》（Q/CR 759—2020）和《铁路插板式金属声屏障 I 型单元板》（Q/CR 760—2020）规定了高速铁路插板式金属声屏障声学构件的声学性能要求[113-115]。

根据《铁路插板式金属声屏障 单元板通用要求》（Q/CR 759—2020），高速铁路插板式金属声屏障采用 I 型单元板，长度为 1 960 mm，厚度为 140 mm，高度为 500 mm（450 mm），标记为 M I-VH 1 960 × 140 × 500（450）。

《铁路插板式金属声屏障 I 型单元板》（Q/CR 760—2020）规定单元板采用框板扣合式结构，主要包含开孔面板、背板、型材框架、吸声组件、橡胶件、端头等其他型材辅件。

面板、背板采用铝合金型材，厚度不小于 1.5 mm。面板宜开矩形圆角孔，孔径宜为 6 mm × 15 mm × $R3$ mm，开孔率宜为 25% ~ 30%。

吸声组件由吸声材料、防护材料等组成。吸声材料宜选用岩棉，岩棉应内置铝合金型材加强筋，岩棉包裹材料应采用无碱憎水玻璃纤维布或聚丙烯憎水无纺布，岩棉声源侧表面金属防护网应采用铝板拉伸网。

橡胶件包括单元板间胶条、板柱间胶条、框板间胶条等。单元板间胶条、板柱间胶条分别用于单元板之间、单元板与钢立柱之间的柔性接触。框板间胶条用于面板、背板与型材框架之间的柔性连接。橡胶件材质应选用三元乙丙橡胶。

单元板面密度应为 20 ~ 40 kg/m^2，单元板的吸声性能以其朝向声源一侧的降噪系数和吸声系数来表征，隔声性能以计权隔声量和隔声量来表征。单元板的计权隔声量不应小于 30 dB，降噪系数不应小于 0.8，同时其分频吸声、隔声性能应满足表 6-22 的要求。

表 6-22　单元板声学性能要求

频率/Hz	吸声系数		隔声量/dB
	金属单元板	非金属单元板	
100	≥0.20	—	≥10
125	≥0.30	≥0.20	≥15
250	≥0.60	≥0.50	≥16
500	≥0.80	≥0.70	≥25
1 000	≥0.70	≥0.60	≥30
2 000	≥0.50	≥0.40	≥30
4 000	≥0.50	≥0.40	≥35

此外，单元板还应满足抗风压性能、抗冲击性能、防火性能、防腐蚀性能、抗疲劳性能、防水性能等。

三、高速铁路声屏障通用图

截至 2022 年 10 月，现行有效的高速铁路声屏障通用图共有 8 套，分别为通环〔2018〕8323《时速 250 公里、350 公里高速铁路桥梁插板式声屏障安装图》、通环〔2018〕8325《时速 250 公里、350 公里高速铁路路基插板式声屏障安装图》、通环〔2016〕8327《铁路路基超高强混凝土声屏障》、通环〔2016〕8328《铁路桥梁超高强混凝土声屏障》、通环〔2007〕8321《时速 350 公里客运专线铁路桥梁整体式预制混凝土声屏障》、通环〔2008〕8322《客运专线铁路路基整体式混凝土声屏障》、通环〔2009〕8226《时速 250 km 客运专线铁路路基插板式非金属声屏障》、通环〔2009〕8326《时速 350 km 客运专线铁路路基插板式非金属声屏障》。

1. 高速铁路路基声屏障

在高速铁路路基声屏障具体设计方面，我国先后发布了《时速 250 km 客运专线铁路路基插板式金属声屏障》（通环〔2009〕8225）、《时速 250 km 客运专线铁路路基插板式非金属声屏障》（通环〔2009〕8226）、《时速 350 km 客运专线铁路路基插板式金属声屏障》(通环〔2009〕8325)、《时速350 km客运专线铁路路基插板式非金属声屏障》(通环〔2009〕8326)、《铁路路基超高强混凝土声屏障》(通环〔2016〕8327)、《时速250公里、350公里高速铁路路基插板式声屏障安装图》(通环〔2018〕8325)等通用参考图。

路基声屏障由声屏障上部结构和声屏障基础两部分组成(图6-40)。

（1）声屏障上部结构。

声屏障以H型钢立柱作为屏障支撑，采用摩擦型高强螺栓与基础相连，上部采用吸隔声材料。

声屏障高度依据动车组车窗下缘距轨面的高度确定，将声屏障高度分为标准高度和可加高1 m通透隔声板高度两类。标准高度的声屏障为轨面以上2.05 m，即高于路肩面2.95 m；加高1 m通透隔声板的声屏障为轨面以上3.05 m，即高于路肩面3.95 m。

声屏障单元板厚度为140 mm，单元板与H型钢间及上下单元板间垫三元乙丙橡胶。

（2）声屏障基础。

声屏障基础采用钢筋混凝土钻孔桩，标准高度声屏障按一般风速地区和台风地区进行桩基设计，加高声屏障按一般风速地区进行桩基设计。

（3）材料及性能。

声屏障插入损失参考值：距最外侧线路中心25 m、与轨面等高处，2.95 m高声屏障为4 dB，3.95 m高声屏障为6 dB。

声屏障横向自振频率：2.95 m高声屏障不小于10.41 Hz，3.95 m高声屏障不小于8.62 Hz。

通透隔声板：透明板厚度不小于20 mm，具有防撞击、防破损保护措施及防鸟撞击标识，其透光率不小于90%、10年内透光率下降不大于10%；通透板四面均加铝合金框，铝合金框与H型钢立柱间采用插入式柔性连接。

材料与材料、单元板与单元板、单元板与立柱、单元板与基础之间的连接应有抵抗列车运行脉动力、抵抗伸缩变形、避免噪声泄漏和二次结构噪声的相应构造措施。

图 6-40 成渝高铁 4 m 高路基段金属声屏障（20190902 上海中驰）

2．高速铁路桥梁声屏障

在高速铁路桥梁声屏障具体设计方面，我国已先后发布《时速 250 km 客运专线铁路桥梁插板式金属声屏障》（通环〔2009〕8223）、《时速 350 km 客运专线铁路桥梁插板式金属声屏障》（通环〔2009〕8323）、《铁路桥梁超高强混凝土声屏障》（通环〔2016〕8328）、《时速 250 公里、350 公里高速铁路桥梁插板式声屏障安装图》（通环〔2018〕8323）等通用参考图。

（1）声屏障结构。

高速铁路桥梁声屏障结构形式采用 H 型钢插板、直立结构形式。正常使用条件下，H 型钢立柱、螺栓为 50 年，声屏障单元板为 25 年。

声屏障高度：采用 2.15 m（轨面以上 2.05 m）及 3.15 m（轨面以上 3.05 m，上部 1 m 安装通透隔声板）两种高度。

声屏障单元板尺寸：位于梁中部的 F1 型遮板上的声屏障单元板尺寸为 1 960 × 430 × 140（mm）；跨梁端伸缩缝处 F2、F3、F4、F5、F6、F7 型遮板上的声屏障单元板尺寸为 $L \times 430 \times 140$（mm），其中，L 根据梁端不同型号遮板尺寸确定，但应保证单元板插入 H 型钢立柱长度不小于 40 mm，并根据桥梁跨度考虑伸缩量。

（2）材料及性能。

金属单元板采用铝合金复合吸声板，背板及面板采用标号不低于 5A03 的铝合金材料，背板及面板厚度不小于 1.5 mm，并需进行铬酸钝化或类似预处理。铝合金复合吸声板降噪系数大于等于 0.7，隔声量大于等于 25 dB。

通透隔声板：透明板采用厚度不小于 20 mm 的加筋亚克力板，具有防撞击、防破损保护措施及防鸟撞击标识，其透光率不小于 90%、10 年内透光率下降不大于 10%；通透板四面均加铝合金框，铝合金框与 H 型钢立柱间采用插入式柔性连接。为防止漏声，梁端桥面及竖墙间伸缩缝采用橡胶棒封堵。

上下单元板间采用三元乙丙橡胶垫，封堵桥面及遮板间缝隙的材料采用三元乙丙橡胶棒。

透明板和三元乙丙橡胶隔声量大于等于 25 dB。

声屏障插入损失参考值：距最外侧线路中心 25 m、与轨面等高处，2.15 m 高声屏障为 4 dB，3.15 m 高声屏障为 6 dB。

自振频率：2.15 m 高声屏障自振频率为 20 Hz，3.15 m 高声屏障自振频率为 10 Hz。

一般地区声屏障单元板必须能够抵抗 5.5 kPa 的表面压力，台风地区声屏障单元板必须能够抵抗 8 kPa 的表面压力。一般地区声屏障单元板必须能够抵抗不小于 400 万次的疲劳影响。

（3）声屏障位置：

① 螺栓连接方式：声屏障 H 型钢立柱中心距外侧线路中心线 3.423 m。

② 插入式连接方式：2.15 m 高声屏障 H 型钢立柱中心距外侧线路中心线 3.433 m，3.15 m 高声屏障 H 型钢立柱中心距外侧线路中心线 3.423 m。

表 6-23 为高速铁路直立式声屏障设计方案简表。

近年来，超高强混凝土声屏障在成绵乐客专青白江段、大西客专试验段、沪昆客专等高速铁路上得到试验性应用，2016 年后进入推广应用阶段。

表 6-23 高速铁路直立式声屏障设计方案

通用图号	适用范围	材质	厚度	高度	位置	插入损失参考值
通环 [2009] 8226	时速 250 km，路基	非金属插板式	140 mm	高于路肩面 2.95 m（轨面以上 2.05 m)	有砟轨道双线路基声屏障中心线距线路中心 4.68 m；无砟轨道双线路中心距声屏障中心线 4.58 m	距最外侧线路中心线 25 m 与轨面等高处，4 dB
		非金属+透明插板式	140 mm	高于路肩面 3.95 m（轨面以上 3.05 m)	有砟轨道双线路基声屏障中心线距线路中心 4.68 m；无砟轨道双线路中心距声屏障中心线 4.58 m	距最外侧线路中心线 25 m 与轨面等高处，6 dB
通环 [2009] 8326	时速 350 km，路基	非金属插板式	140 mm	高于路肩面 2.95 m（轨面以上 2.05 m)	有砟轨道双线路基声屏障中心线距线路中心 4.68 m；无砟轨道双线路中心距声屏障中心线 4.58 m	距最外侧线路中心线 25 m 与轨面等高处，4 dB
		非金属+透明插板式	140 mm	高于路肩面 3.95 m（轨面以上 3.05 m)	有砟轨道双线路基声屏障中心线距线路中心 4.68 m；无砟轨道双线路中心距声屏障中心线 4.58 m	距最外侧线路中心线 25 m 与轨面等高处，6 dB
	时速 250 km，路基	金属插板式	117 mm	路肩面以上 3.055 m		距最外侧线路中心线 25 m 与轨面等高处，4~6 dB
		金属+透明插板式	140 mm	路肩面以上 4.055 m	3 m 高声屏障：有砟轨道双线路基声屏障中心距线路中心 4.8 m；无砟轨道双线路中心距声屏障中心线 4.7 m。4 m 高声屏障：有砟轨道双线路基声屏障中心距线路中心 4.75 m；无砟轨道双线路中心距声屏障中心线 4.65 m	距最外侧线路中心线 25 m 与轨面等高处，6~8 dB
通环 [2018] 8325	时速 350 km，路基	金属插板式	140 mm	路肩面以上 3.055 m		距最外侧线路中心线 25 m 与轨面等高处，4~6 dB
		金属+透明插板式	140 mm	路肩面以上 4.055 m		距最外侧线路中心线 25 m 与轨面等高处，6~8 dB

续表

通用图号	适用范围	声屏障方案				
		材质	厚度	高度	位置	插入损失参考值
通环〔2018〕8323	时速250 km、350 km，桥梁	金属插板式	140 mm	遮板以上2.3 m	PZ式钢立柱声屏障：桥面宽度12.6 m、12.2 m，H型钢立柱中心距外侧线路中心线3.900 m	距最外侧线路中心线25 m与轨面等高处，4~6 dB
		金属+透明插板式		遮板以上3.3 m		距最外侧线路中心线25 m与轨面等高处，6~8 dB
	时速250 km，桥梁	非金属插板式	135 mm	遮板以上2.3 m	倒L形支架方案声屏障：桥面宽度12.6 m、12.2 m，H型钢立柱中心距外侧线路中心线3.778 m	距最外侧线路中心线25 m与轨面等高处，在声屏障中部插入损失参考值4~6 dB
		非金属+透明插板式	135 mm	遮板以上3.3 m		距最外侧线路中心线25 m与轨面等高处，在声屏障中部插入损失参考值6~8 dB
通环〔2016〕8328	新建高速铁路，桥梁	非金属整体单元组合结构（肋柱、背板采用活性粉末混凝土，吸声板为微孔陶瓷吸声板）	110 mm	2 950 mm（轨面以上2 050 mm）	12.6 m宽箱梁直线：声屏障内侧距线路中心线3 640 mm。12.6 m宽箱梁曲线：声屏障内侧距线路中心线3 595.3 mm	声屏障长度200 m中部，距外轨中心25 m，与轨面等高处，声屏障插入损失值不小于6 dB

续表

通用图号	适用范围	声屏障方案					插入损失参考值
		材质	厚度	高度	位置	
通环[2016]8327	新建高速铁路、路基	非金属整体单元组合结构（肋柱、背板未用活性粉末混凝土，吸声板为微孔陶瓷吸声板）	110 mm	2 950 mm	时速250/350公里：有砟轨道声屏障中心距线路中心线4.7 m；无砟轨道声屏障中心距线路中心线4.6 m	声屏障长度200 m中部，距外轨中心线25 m、与轨面等高处，声屏障插入损失值不小于7 dB
通环[2008]8321	时速350 km，桥梁	非金属（整体式混凝土）	190 mm	3 200 mm（轨面以上2 050 mm），预留加高声屏4 200 mm（轨面以上3 050 mm）	声屏障内侧距线路中心线4.1 m	桥梁轨面高于自然地面8 m时，标准高度声屏障为5 dB，预留加高1 m声屏障为8 dB
通环[2008]8322	客运专线、路基	非金属（整体式混凝土）	190 mm	标准高度声屏障为轨面以上2.05 m，即声屏障顶面距轨面3.05 m；加高1 m通透声板声屏障高度为轨面以上2.95 m，即声屏障顶面距轨面3.95 m	有砟轨道双线路侧距线路中心线4.72 m。无砟轨道双线路侧距线路中心线4.62 m	路基高于自然地面5 m时，标准高度声屏障不小于5 dB，预留加高1 m声屏障不小于8 dB

超高强混凝土声屏障单元由肋柱、背板和微孔陶瓷吸声板组合而成,有曲线型和直线型两种形式。肋柱采用活性粉末混凝土,分为普通型和加强型。普通型采用超高强钢筋混凝土结构,加强型采用超高强预应力钢筋混凝土结构,适用于台风地区。

路基超高强混凝土声屏障上部结构采用整体单元组合结构,声屏障基础采用桩基础,桩间距 4 000 mm,桩顶设置地梁。声屏障单元板宽度 1 000 mm,高度 2 950 mm。背板采用活性粉末混凝土,中间设置钢筋网片,规格为 994 mm × 498 mm × 25 mm。吸声板采用微孔陶瓷吸声板,规格为 810 mm × 498 mm × 85 mm。

桥梁超高强混凝土声屏障采用整体单元组合结构,声屏障的肋柱与桥面竖墙 A 一体化浇筑而成。声屏障单元板宽度有 1 000 mm 和 300 mm 两种,高度 2 950 mm。背板采用活性粉末混凝土,中间设置钢筋网片,厚度为 25 mm。吸声板采用微孔陶瓷吸声板,厚度为 85 mm。

京沈高铁新民段和朝阳段安装了 6.66 km 路基超高强混凝土声屏障;川南城际铁路设置了 12 km 超高强混凝土声屏障(单元板 3 m 高、1 m 宽),见图 6-41。

图 6-41 川南城际铁路富顺段安装的超高强混凝土声屏障
(四川发展,2021 年 2 月 1 日)

超高强混凝土声屏障在结构一体化设计、单元板和吸声板生产工艺工装等方面进行了创新,运营试验表明,超高强混凝土声屏障结构设计合理、降噪效果显著、使用安全可靠、技术经济性能优越。

第七章 高速铁路运营期污水处理及其他环境污染防治

第一节　高速铁路运营期污水处理

运营期高速铁路车站、动车所污（废）水经收集后排入自建污水处理设施，经处理后回用或排入污水处理厂集中处置。高速铁路运营期污水处理包括生活污水处理和生产污水处理。

一、高速铁路运营期生活污水处理

高速铁路运营期生活污水主要来源于高铁车站，设计处理工艺为经过化粪池、隔油池、SBR处理后排入城市污水管网，而后进入城市污水处理厂，排水水质能够达到 GB 8979—1996《污水综合排放标准》三级标准的要求。若无接入城市污水管网的条件，车站生活污水采取经过化粪池、厌氧滤池、人工湿地的处理工艺，处理后水质满足 GB 8978—1996 一级标准的要求，方可排入附近沟渠。

1. 生活污水处理工艺

生活污水处理要求达到现行国家《污水综合排放标准》（GB 8978—1996）规定的二级排放标准，可采用厌氧处理工艺，其工艺流程如图 7-1 所示；也可采用化学絮凝强化处理工艺，其工艺流程如图 7-2 所示。

生活污水 → 化粪池 → 厌氧处理 → 排放

图 7-1　生活污水厌氧处理工艺流程

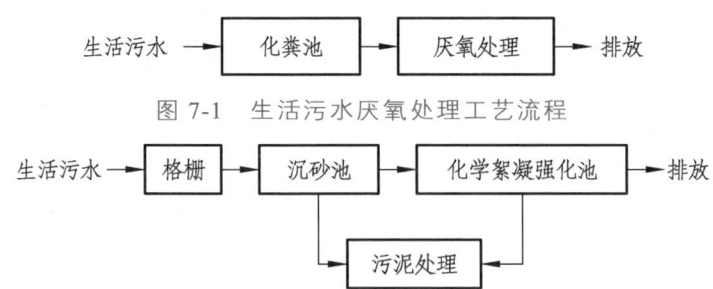

图 7-2　生活污水化学絮凝强化处理工艺流程

化学絮凝强化处理工艺通过投加混凝剂加强污水净化效果，常用的混凝剂有铝盐、铁盐等无机混凝剂及聚丙烯酰胺（PAM）等有机高分子絮凝剂。采用该处理工艺，一般需要根据污水的原水水质和排放标准，选择混凝剂并进行投加量试验，以便确定混凝剂和投加量。

生活污水处理要求达到现行国家《污水综合排放标准》（GB 8978—1996）规定的一级排放标准，可采用图7-3、图7-4所示工艺流程。

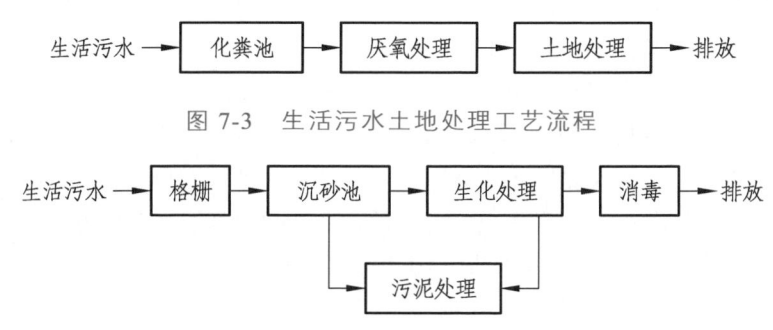

图7-3　生活污水土地处理工艺流程

图7-4　生活污水生化处理工艺流程

2. 高浓度粪便污水处理工艺[25]

高浓度粪便污水处理工艺可采用多段厌氧处理工艺，或厌氧与好氧处理工艺组合的常规处理工艺。由于其工艺简单、易于管理，能达到预期的处理效果。

高浓度粪便污水排入城镇排水系统时，可采用多段厌氧处理工艺，其工艺流程如图7-5所示。

图7-5　高浓度粪便污水多段厌氧处理工艺流程

高浓度粪便污水处理要求达到现行国家《污水综合排放标准》（GB 8978—1996）规定的二级排放标准，可采用多段厌氧与好氧处理工艺组合的处理工艺，其工艺流程如图7-6所示。

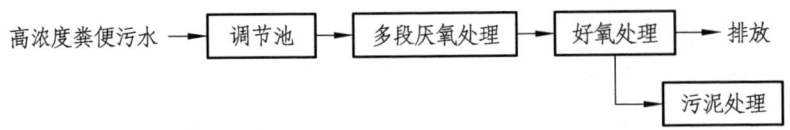

图 7-6　高浓度粪便污水多段厌氧好氧处理工艺流程

3．其他处理工艺

高速铁路生活污水还可以采用生物处理工艺和自然处理方式。生物处理工艺可分为活性污泥法和生物膜法两大类。我国寒冷地区，冬季水温一般在 6～10 ℃，短时间内可能为 4～6 ℃，需要考虑低气温对污水温度的影响。若采用活性污泥法工艺，当低水温对去除碳源污染物、脱氮和除磷有影响时，可采取降低负荷、增长泥龄、调整厌氧区（池）及缺氧区（池）水力停留时间、保温或增温等措施。当污水温度低于 10 ℃，污水处理采用活性污泥法工艺时，要按现行《寒冷地区污水活性污泥法处理设计规程》（CECS 111）的有关规定修正设计计算数据。

生物膜处理构筑物应根据当地气温和环境等条件，采取防冻、除臭和灭蝇措施。冬季较寒冷地区生物膜法工艺处理构筑物采用防冻措施，可以将生物转盘设在室内。除臭一般采用生物过滤法、湿式吸收氧化法去除硫化氢等恶臭气体；对于塔式生物滤池可采用顶部喷淋，生物转盘可在水槽底部进水除臭。生物滤池易滋生滤池蝇，一般可定期关闭滤池出口阀门，让滤池填料盐水一段时间，可杀死幼蝇。

当有可供利用的土地和适宜的气候条件时，生活污水处理可根据现行《室外排水设计标准》（GB 50014—2021）的有关规定采用自然处理方式[116]。污水自然处理具有投资省、管理方便、能耗低、运行费用少、处理效果稳定、可实现污水资源化等优点，但其占地面积大、受气候影响大。因此，选用自然处理工艺时，除考虑当地是否有合适的场地，还需要对工程的投资、运行费用和效益做全面的分析比较。目前，铁路生活污水处理常用的自然处理工艺主要有人工湿地和稳定塘等，冬季会出现冰冻的地区应谨慎考虑人工湿地处理。采用稳定塘或人工湿地处理时，应采取防渗措施，严禁污染地下水。

二、高速铁路运营期生产污水处理[25]

高速铁路运营期生产污水主要来源于动车段（所）生产污水。

1. 含油污水

机车、车辆轴承、轮对等零部件多采用碱水煮洗，含油污水的乳化程度高，处理难度较大。因此，煮洗污水在进入污水处理系统前，首先要进行破乳、中和、降温等预处理，为后续含油污水处理创造条件。

动车运用所生产废水主要污染物有石油类、BOD_5、SS、pH 等，在污水中油以漂浮油、乳化油及溶解油等几种状态存在，当含油量降到 10 mg/L 以下时，其他污染指标均可达到排放标准，所以对于生产废水主要是除油。生产废水经过调节沉淀隔油后，污水中大量浮油被去除，同时降低了 COD_{Cr}、SS 含量，但乳化油及溶解油的含量没有降低。目前，大多采用气浮法去除乳化油及溶解油，也可采用高效油水分离器等设备进行油水分离处理。

动车段（所）含油污水要求达到现行《污水综合排放标准》（GB 8978—1996）规定的二级或三级标准，可采用如图 7-7 所示工艺流程。

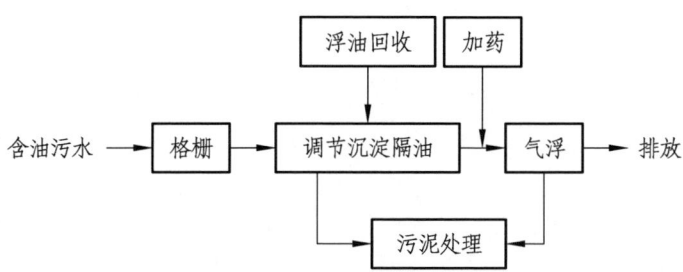

图 7-7　含油污水气浮处理工艺

动车段（所）含油污水要求达到《污水综合排放标准》（GB 8978—1996）规定的一级标准或《铁路回用水水质标准》（TB/T 3007—2000）时，可采用图 7-8、图 7-9 所示工艺流程。

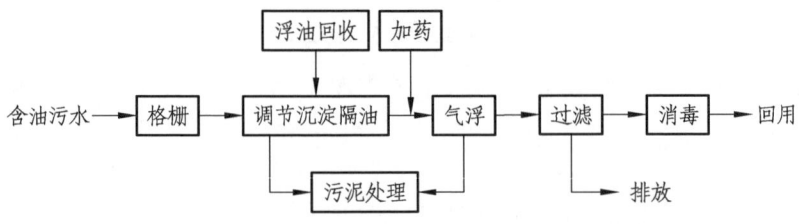

图 7-8 含油污水气浮过滤处理工艺流程

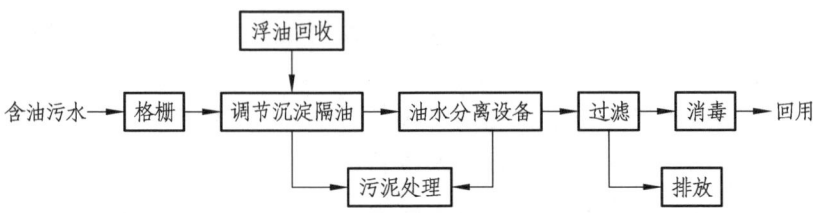

图 7-9 含油污水油水分离设备过滤处理工艺流程

2．洗刷污水

动车洗刷所一般建在动车段（所）内或自成体系，洗刷污水为间歇排放，水量比较集中。建在段、所内时，可先经预处理后再与段内其他污水一并处理。目前，动车段（所）内动车组洗刷多采用洗车机，配套污水处理设施一般采用调节、沉淀、隔油、生化过滤、机械过滤处理工艺，处理后的污水达到《铁路回用水水质标准》（TB/T 3007—2000）要求，可以再回用洗车。

动车洗刷污水处理后应循环使用，如图 7-10 所示工艺流程。

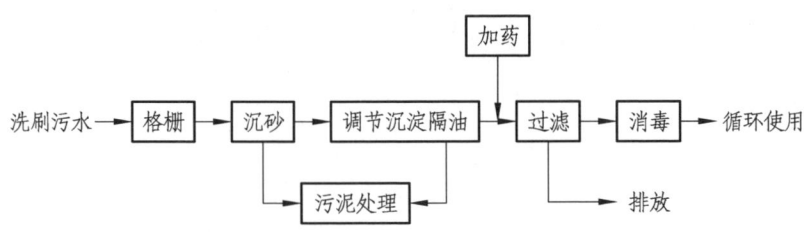

图 7-10 动车洗刷污水沉淀过滤处理工艺流程

3．洗涤污水

洗涤污水处理要求达到现行《城市污水再生利用　城市杂用水

水质》(GB/T 18920—2020)或《铁路回用水水质标准》(TB/T 3007—2000)规定,可采用如图 7-11 所示工艺流程。

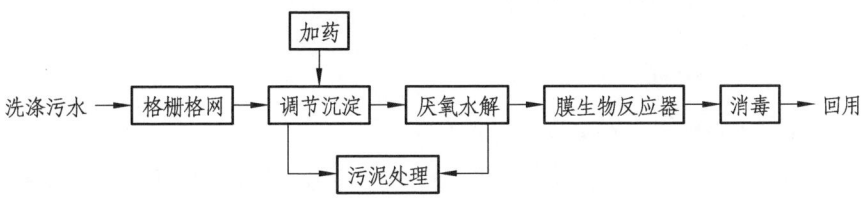

图 7-11　洗涤污水采用膜生物反应器处理工艺流程

采用膜生物反应器处理工艺,能耗较少,运行成本较低。铁路洗衣房洗涤污水中难降解的大分子有机物质通过厌氧阶段水解酸化后,已被降解为小分子溶解性物质,为后续膜生物反应器生化过程创造了有利条件。采用膜生物反应器处理工艺对 COD_{Cr} 的平均去除率约为 88.53%,对阴离子表面活性剂 LAS 的平均去除率约为 98.22%,对总磷(TP)的平均去除率约为 92.28%,对 SS 的去除率达到 95% 以上,可以达到《铁路回用水水质标准》(TB/T 3007—2000)的要求。膜生物反应器处理工艺对 LAS 具有较高的降解作用,一方面是由于膜生物反应器系统中生物降解作用较强;另一方面是由于膜分离作用延长了 LAS 在生物反应器内的停留时间,使其与微生物有充分的接触时间。系统对洗衣房生产过程中 LAS 的冲击变化具有很强的适应能力。

洗衣房漂洗工序污水需要循环利用于洗涤工序时,可采用如图 7-12 所示工艺流程。

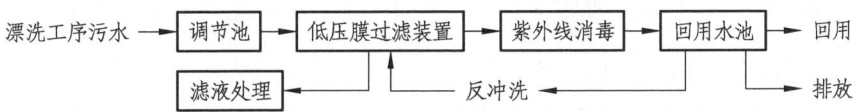

图 7-12　漂洗工序污水回用于洗涤工序处理工艺流程

利用聚合氧化铝(PAC)混凝剂和聚丙烯腈(PAN)超滤低压过滤,对铁路洗涤污水的处理效果较好。低压膜过滤处理工艺的水力停留时间很短,出水水质稳定,当原水水质变化较大时,其出水浊度等指标接近自来水浊度。

客运洗衣房洗涤污水经处理后应作为回用水。

4. 特殊生产污水

(1) 酸性、碱性污水处理。

铁路生产系统产生的酸性、碱性污水较少,但其酸性、碱性较强,为了避免腐蚀给排水设备和构筑物,酸性、碱性污水在汇入污水处理厂(站)前应进行酸碱中和等预处理。在酸性、碱性污水处理中,优先采用以废治废的方法,即利用碱性、酸性废液进行中和,以节省处理费用和药剂消耗。当没有碱性、酸性废液可利用时,应采用投药中和。对于酸性污水还可采用过滤中和。酸性污水采用投药中和处理时可选用石灰、石灰石、苏打、苛性钠等中和药剂;碱性污水采用投药中和处理时可选用盐酸、硫酸、硝酸等中和药剂。过滤中和是使酸性废水流过碱性滤料时得到中和,所用的滤料有石灰石、白云石、大理石等。

(2) 含铅、镉、铬污水处理。

蓄电池间、电镀车间排出的含铅、镉、铬污水,属于第一类污染物,不分行业和污水排放方式,也不分受纳水体的功能类别,必须在车间或车间处理设施排放口收集处理,并必须符合现行国家《污水综合排放标准》(GB 8978—1996)的有关规定[117](表 7-1)。

表 7-1 第一类污染物最高允许排放浓度

序号	污染物	最高允许排放浓度/(mg/L)
1	总镉	0.1
2	总铬	1.5
3	六价铬	0.5
4	总铅	1.0

酸性蓄电池间排出的含铅污水可采用化学沉淀法处理,一般

采用碳酸钠作沉淀剂，碳酸钠与污水中的铅反应生成碳酸铅沉淀物，再经砂滤即可达到《污水综合排放标准》（GB 8978—1996）的规定。

碱性蓄电池间排出的含镉污水宜采用闭路循环的处理工艺。含镉污水量较小，处理难度较大，处理设备成本较高，一般优先委外处理或者在区段站以上的车站进行集中处理。处理工艺宜采用电渗析和超滤组合法。该工艺能回收利用镉和碱液，可不排废液，杜绝污染。

电镀车间的含铬污水宜采用化学沉淀法处理。化学沉淀法常采用亚硫酸氢钠法和铁氧体法。亚硫酸氢钠法是向含铬污水中投加亚硫酸氢钠，亚硫酸氢钠与含铬污水混合反应，生成氢氧化铬沉淀而被去除。铁氧体法是向含铬污水中投加硫酸亚铁等亚铁盐还原剂，亚铁盐与含铬污水混合进行氧化还原反应，生成 Cr^{+3} 与 Fe^{+3}，随后用氢氧化钠调节 pH 至 7~9，产生氢氧化物沉淀，加热至 60~80 ℃，通入空气，然后进行固液分离，处理后的水排放，经铁氧体沉渣洗去钠盐后利用。

此外，对跨越饮用水源保护区的桥梁应设置桥面径流收集系统，大桥两端设事故水池。制订营运期环境风险事故应急预案，与地方应急体系形成联动，避免污染水源。

三、高速铁路运营期站段污水处理实例

三亚动车运用所设置 9 条动车存放线（预留 6 条）及配合动车临检库修的 4 条动车库修线。生产废水主要为洗车、检修废水，采用调节、气浮、沉淀、隔油、过滤后接入人工湿地处理；三亚动车运用所内对工作人员生活污水、集便污水采取 SBR 处理工艺处理后接入人工湿地处理，人工湿地处理后出水接入动车所周边沟渠[118]（图 7-13、图 7-14）。

水质监测结果表明，三亚动车所污水处理站出水水质可满足《污水综合排放标准》（GB 8978—1996）一级标准[119]（表 7-2）。

图 7-13　三亚动车所生活污水处理装置（厌氧塔、SBR 反应池）

图 7-14　三亚动车所人工湿地（中铁第四勘察设计院集团有限公司，
《新建海南东环铁路项目竣工环境保护设施验收
调查报告（自验）》20181119）

成都动车段内生产废水采用隔油沉淀—气浮—消毒处理工艺，处理后会用于动车组高级修部件清洗，少量余水排入城市污水管网。根据 2020 年中国铁路成都局集团有限公司环境监测站的监测数据，处理后水质如表 7-3 所列。

表 7-2　三亚动车所污水处理效果监测结果

单位：mg/L（pH 无量纲）

测点位置	项目	pH	COD$_{Cr}$	BOD$_5$	SS	氨氮	动植物油
厌氧塔进口	两日均值	7.81~7.86	1 350	622	662	121	5.84
厌氧塔出口（SBR设备进口）	两日均值	7.52~7.57	236	113	144	40	2.71
厌氧塔处理效果/%		—	82.52	81.83	78.25	66.94	53.6
人工湿地进口（SBR设备出口）	两日均值	7.41~7.48	59	17	38	12	1.35
处理效果/%		—	75	84.96	73.61	70	50.18
人工湿地出口	两日均值	7.38~7.42	36	11	21	7	0.79
	处理效果/%	—	38.98	35.29	44.74	41.67	41.48
	GB 8978—1996一级标准	6~9	100	20	70	15	10
	达标情况	达标	达标	达标	达标	达标	达标

数据来源：中铁第五勘察设计院集团有限公司，《新建铁路海南西环铁路竣工环境保护验收调查报告》，2018 年 11 月 27 日。

表 7-3　成都动车段污水排放口水质监测表　　单位：mg/L

项目	pH	SS	COD	氨氮	石油类	LAS
2020-3-30	7.91	6	188	1.04	—	1.287
2020-6-2	7.67	29	106	2.53	—	0.231
2020-7-21	7.83	11	17	2.19	0.144	0.051
2020-11-17	7.30	8	57	1.13	0.294	0.275
平均值	7.68	13.5	92	1.7225	0.1095	0.461
《污水综合排放标准》GB 8978—1996 三级标准	6~9	400	500	—	20	20

根据多条高速铁路竣工环境保护验收报告，中国部分高速铁路车站污水处理效果如表 7-4 所示。

表 7-4 高铁车站生活污水处理效果

单位：mg/L（pH 无量纲）

车站名	处理工艺	取样位置	pH	SS	COD$_{Cr}$	BOD$_5$	氨氮	动植物油
沪昆高铁铜仁南站	人工湿地[经农灌沟250 m排入潕阳河（Ⅲ类）]	进口	7.02~7.33	26	52.25	10.15	35.275	1.465
		出口	7.14~7.38	12.75	32.5	6.325	14.875	0.645
沪昆高铁安顺西站	化粪池（接入城市污水管网）	进口	6.75~7.01	201.05	769.5	278.25	132.25	60.5
		出口	7.25~7.58	97.5	321.25	105.25	65.45	19.4
成渝高铁资阳北站	化粪池（接入城市污水管网）	进口封闭	—					
		出口	7.2~7.5（7.3）	49~61（55.7）	328~369（346.5）	65.2~78.2（71.9）	45.2~79.6（60.8）	0.16~0.38（0.23）
成渝高铁大足南站	人工湿地	进口	6.9	19~22	275~320	47~69	85.4~93.8	2.32~6.77
		出口	6.5~6.6（6.55）	13~16（14.25）	88~98（93.2）	13.5~19.5（17）	10.5~10.9（10.7）	0.42~0.7（0.54）
瑞昌至九江高铁瑞昌西站	SBR	进口	7.29~7.83	14.5	23	4.8	3.13	0.19
		出口	7.23~7.76	10.8	8.5	2	1.55	0.09

续表

车站名	处理工艺	取样位置	pH	SS	COD$_{Cr}$	BOD$_5$	氨氮	动植物油
瑞昌至九江高铁庐山站	厌氧滤池	进口	7.23~7.4	32.3	170	38.2	3.11	0.81
		出口	7.39~7.48	13	49	10.2	1.78	0.19
宁杭高铁瓦屋山站	化粪池、人工湿地	进口	7.81~7.94	106	163	65.2	10.06	0.65
		出口	7.46~7.52	9	<10	2.4	1.07	未检出
哈齐高铁齐齐哈尔南存车场	厌氧滤池	进口	8.2~8.3	129	1370	710	689	
		出口	8.2~8.3	57	171	87	150	
哈大高铁瓦房店站	SBR	进口	7.45	85	74.83	27.33		2.11
		出口	7.49	33.83	40.17	14.42		0.7
哈大高铁鞍山西站	SBR	进口	7.52	69.33	101.83	47.73		1.88
		出口	7.5	39.5	46	16.6		0.5
哈大高铁海城站	厌氧滤罐	进口	7.29	82.67	302	66.87		2.38
		出口	7.29	32.67	77.5	25.7		0.68

续表

车站名	处理工艺	取样位置	pH	SS	COD$_{Cr}$	BOD$_5$	氨氮	动植物油
西成高铁鄠邑站	化粪池、厌氧滤罐+人工湿地	进口	7.69	181.85	277	69.935	40.701	1.56
西成高铁鄠邑站	化粪池、厌氧滤罐+人工湿地	出口	7.34	138.4	42.35	4.26	19.4085	0.825
西成高铁洋县西站	化粪池、厌氧滤罐+人工湿地	进口	7.17	180.85	124	34.81	33.761	1.5
西成高铁洋县西站	化粪池、厌氧滤罐+人工湿地	出口	7.46	119.9	42.5	7.43	11.45	0.775

第二节　高速铁路运营期其他环境污染控制

一、运营期大气污染防治

对动车段热备内燃机车等移动源污染，应提高燃油的清洁化水平，尽量降低燃料中有害物质含量。对于内燃机车有害排放物的控制，主要是控制氮氧化物（NO_x）和微粒（PM）的排放。减排措施分为机内净化和机外净化。机内净化着重从改善燃烧角度来降低排放物，机外净化则着重在废气排入大气前将其中有害物质分离去除。一些减排措施对不同的排放物作用是相反的（如表 7-5 所示的喷油提前角的改变），因此要根据控制目标来确定减排技术[20]。

表 7-5　降低 NO_x 和 PM 排放水平的主要措施

净化指标	类型	主要措施
NO_x	机内净化	优化燃烧方式，推迟喷油提前角，废气再循环技术（EGR），降低柴油机进气温度，改善燃油品质
NO_x	机外净化	尾气催化还原技术
PM	机内净化	优化燃烧方式，增加喷油提前角，提高进气压力，降低润滑油消耗，改善燃油品质
PM	机外净化	捕集和氧化催化燃烧

对动车段（所）固定源污染，食堂油烟执行《饮食业油烟排放标准（试行）》（GB 18483—2001）规定的油烟最高允许排放浓度（2.0 mg/m³），生产废气执行《大气污染物综合排放标准》（GB 16297—1996）二级排放限值。常用防治措施为设置通风除尘设备、净化设备及油烟净化器等油烟治理设施，保证烟气达标排放，见图 7-15。

图 7-15　三亚动车所食堂油烟净化装置（中铁第四勘察设计院集团有限公司，《新建海南东环铁路项目竣工环境保护设施验收调查报告（自验）》，2018 年 11 月 19 日）

动车段（所）油漆库顶部可铺高效过滤顶棉，废气处理装置采用三级处理方式：在地板格栅处设置粗效过滤棉；在风道侧面设漆雾过滤棉，用以处理过喷漆雾中的树脂等固体成分；所有使用滤料均符合国家卫生和环保要求，不产生二次污染。有机废气采用活性炭吸附的处理方式，活性炭吸附箱设有压差测试装置及报警装置，以便及时更换滤料。喷漆库、喷漆棚及喷漆室应采用清洁工艺，当产生漆雾时应设净化设备。吹扫库采用上送下排机械通风，在吹扫库两端机房内各设置一套通风除尘设备，净化气通过位于天台的排气筒有组织排放。蓄电池间、电镀间、熔焊间的通风设净化设备[121]。

对燃煤采暖锅炉，应安装高效脱硫除尘器，保证烟囱高度满足《锅炉大气污染物排放标准》（GB 13271—2014）中燃煤锅炉房烟囱最低允许高度要求，并优先改为清洁能源取暖，如燃气锅炉；或采用电采暖、空气源热泵，有条件时可接市政供热管道。

二、运营期固体废物处置

固体废物应依法分类妥善处置，危险废物交有资质单位处置。高铁车站或动车段（所）设置站车垃圾转运点，站台上和站内设置垃圾分类收集、转运设施。生活垃圾由各车站、动车段（所）统一收集后交由地方环卫部门统一处置。

动车段（所）污水处理站的污泥经与市政环卫部门签定协议定期清运安全处置，废油等危险废物由有资质的危险废物处置单位进行处理，金属屑可回收或再利用，废蓄电池送专业厂家回收。同时，加强暂存区域的环境管理，应符合防渗漏、防扬尘等相关环保要求。

三、运营期电磁污染（影响）防护

1. 运营期电磁辐射限值及测试

运营期高速铁路电磁辐射包括列车运行条件下铁路系统对外部的电磁辐射和牵引变电所电磁辐射，《轨道交通 电磁兼容 第2部分：整个轨道系统对外界的发射》（GB/T 24338.2—2018）给出了相应的限值[122]。

（1）列车运行条件下铁路系统对外部的电磁辐射限值。

列车运行时，铁路系统电磁辐射主要源于接触网的电磁辐射，0.15 MHz～1 GHz 的电磁辐射限值见图 7-16 中的 A 曲线。

根据图 7-16，代表性频点 150 MHz 限值为 88 dB（μV/m）；1 MHz 在将图中磁场强度限值折算为电场强度限值后应不超过 110 dB（μV/m）。

（2）牵引变电所的电磁辐射限值。

牵引变电所的电磁辐射限值见图 7-17。

根据图 7-17，代表性频点 150 MHz 限值为 55 dB（μV/m）；1 MHz 将在图中磁场强度限值折算为电场强度限值后应不超过 89 dB（μV/m）。

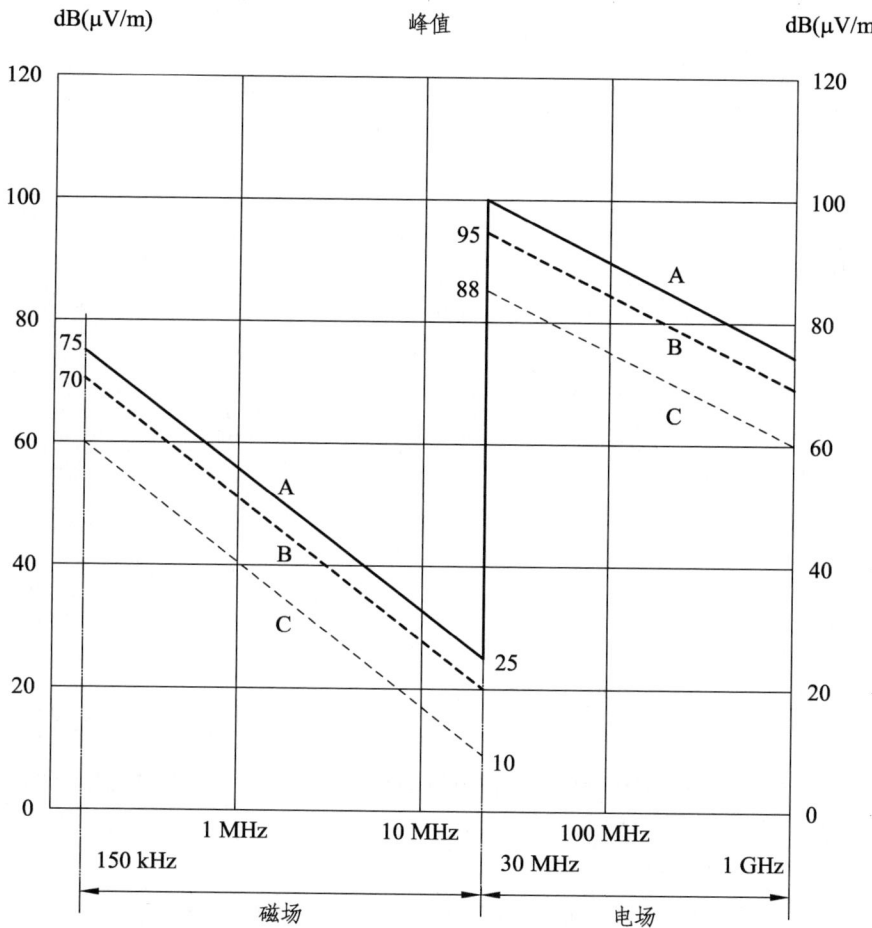

图 7-16 列车运行时铁路系统 0.15 MHz ~ 1 GHz 对外部的电磁辐射限值（10 m 法）

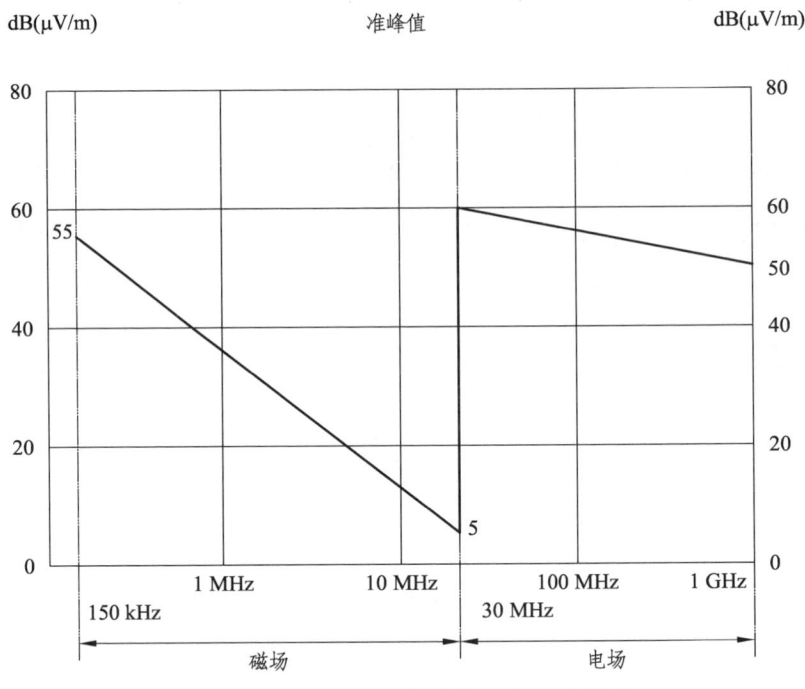

图 7-17 牵引变电所的发射限值（准峰值）

（3）列车运行时系统发射和牵引变电所发射的测量方法。

测量宜在干燥的天气进行（24 h 内的降雨量不大于 0.1 mm），温度不低于 5 ℃，风速小于 10 m/s。

① 测量频段。

0.15～30 MHz 的测量采用 9 kHz 带宽，30 MHz～1 GHz 的测量采用 120 kHz 带宽。

② 天线类型。

环形天线或者矩形天线用于测量 0.15～30 MHz 的磁场；双锥天线用于测量 30～300 MHz 的电场；对数周期天线用于测量 300 MHz～1 GHz 的电场；30 MHz～1 GHz 的电场测量可采用组合式天线。

③ 测量距离。

测量天线与列车运行的轨道中心线之间的测量距离应为 10 m。

对于对数周期天线，测量距离为天线阵列的机械中心到轨道中心线之间的距离。对牵引变电所，测量天线在每边围墙的中线上且距离围墙 10 m。若围墙边长超过 30 m，应在围墙拐角增加测点。

如果不能满足 10 m 法测量距离的要求，应进行距离换算，换算方法参照 GB/T 24338.2—2018。

④ 测量高度。

环形天线中心距参考平面的高度为 1.0～2.0 m，偶极子天线或对数周期天线距参考平面的高度为 2.5～3.5 m。如果测量运行列车轨道系统发射，天线高度的参考平面是轨顶面。如果测量牵引变电所发射，天线高度的参考平面是地平面。

对高架轨道，若无法达到天线高度要求，可采用地平面代替轨顶面作为参考平面，并进行距离修正。列车应在测量点的可视范围内，且天线中心轴延伸方向应指向列车。测量点距离轨道中心线宜为 30 m。

⑤ 天线的位置和朝向。

测量过程中，环形天线平面的放置应便于测量垂直于线路或变电所围墙的水平磁场分量。双锥天线或对数周期天线分别测量水平和垂直极化信号，对数周期天线应指向线路或变电所围墙。测量场地宜尽可能避开引起场特性变化的物体，如道岔、墙体和跨线桥等。

测量系统发射时天线位置如图 7-18～图 7-20 所示。

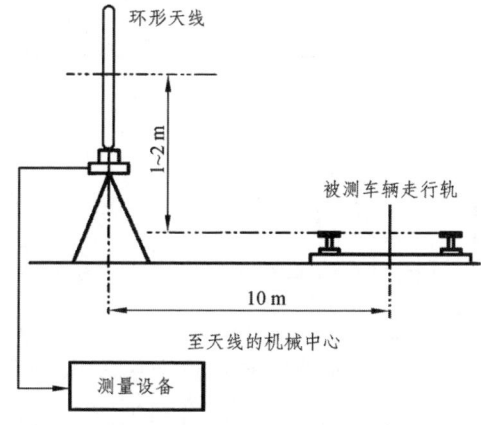

图 7-18　0.15～30 MHz 频段测量磁场水平分量时天线位置

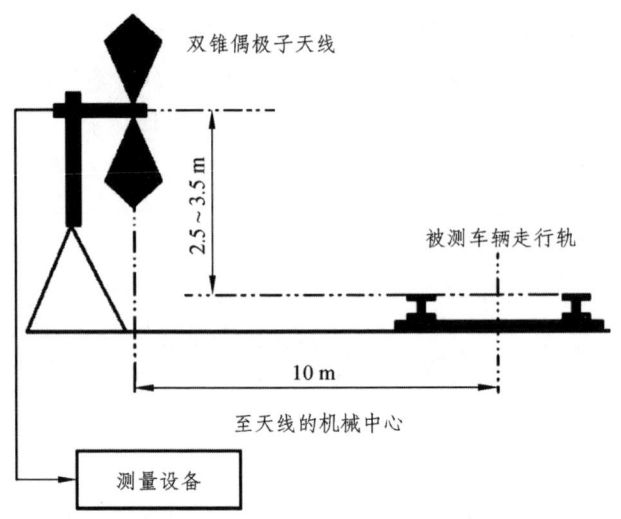

图 7-19　30～300 MHz 频段电场测量天线位置（垂直极化）

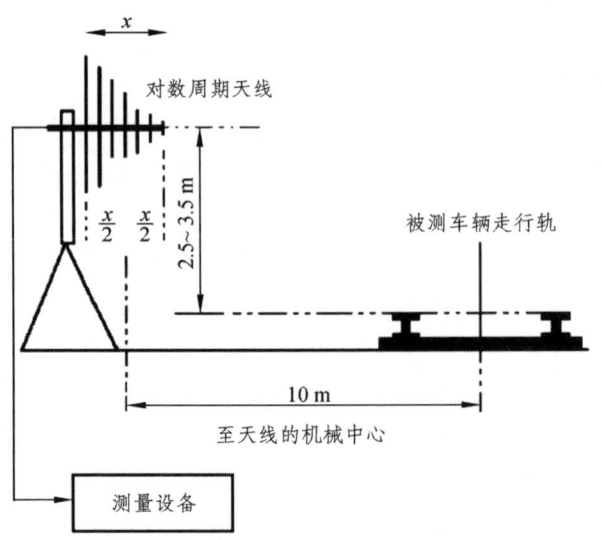

图 7-20　300 MHz～1 GHz 频段电场测量天线位置（垂直极化）

⑥ 测量列车高速运行时的系统发射，采用峰值检波，并采用固定频率方法对每个频点连续监测；对牵引变电所发射，采用峰值检波最大保持扫描进行测量，若发现有超过限值的频率分量，则再

对该频率分量进行准峰值检波测量。

意大利高速铁路电磁辐射测试如图 7-21 所示[123]，我国高速铁路电磁辐射测试如图 7-22 所示[124]。

图 7-21　意大利 300 km/h 高铁电磁辐射测试

图 7-22　中国高铁电磁辐射测试

实践中，高速铁路接触网和牵引变电所工频电场、工频磁场对周边电磁环境常常执行《电磁环境控制限值》（GB 8702—2014）规定，100 kHz 以下频率同时限制电场强度和磁感应强度，以工频电场 4 kV/m 和工频磁感应强度 100 μT 为限值。GSM-R 基站产生的电磁辐射影响执行《电磁环境控制限值》（GB 8702—2014）和《辐射环境保护管理导则　电磁辐射环境影响评价与标准》（HJ/T 10.3—1996）规定的限值 8 μW/cm^2（功率密度）。

2．电磁环境影响的防护

（1）牵引变电所电磁环境影响的防护。

根据已有的监测资料，高速铁路牵引变电所和接触网产生的工频电场强度和工频磁感应强度很低，均符合《电磁环境控制限值》（GB 8702—2014）中规定的限值要求。但考虑到各种电磁辐射影响的叠加，在变电所进行选址时，应尽量远离居民区、幼儿园、医院等敏感目标，降低电磁环境影响，减轻牵引变电所附近居民的担忧，减少因电磁环境问题引发的投诉。

（2）GSM-R 基站的电磁辐射防护。

一般来说，距离 GSM-R 基站天线 18 m 以外，最远 30 m 以外，任何高度的场强值均低于 8 μW/cm^2，电磁辐射功率密度满足《电磁辐射防护规定》（GB 8702—2014）和《辐射环境保护管理导则　电磁辐射环境影响评价方法与标准》（HJ/T 10.3—1996）的要求。在基站选址时，应避免辐射超标区域进入居民点、医院、幼儿园等敏感区域范围，并尽量远离敏感区域，对于超标区内无法避让的居民区，应采取搬迁等措施予以防护。

（3）电视收看影响的治理。

列车运行产生的电磁辐射对沿线居民收看电视的影响，可通过加高天线或接入有线电视网来消除，同时可完全消除车体的反射和遮挡影响。预留专项资金，根据营运期实际监测结果，采取相关措施，解决列车运行电磁干扰影响沿线无线电视接收用户收看电视的问题。

尽管高速铁路运营期电磁环境影响很小，但仍需加强运营期电磁环境监测，发现问题及时采取相关措施，减少因电磁环境问题引发的投诉。

参考文献

[1] Intercity and High-Speed[EB/OL]. https://uic.org/passenger/highspeed/.

[2] 国家铁路局.高速铁路设计规范：TB 10621—2014[S]. 北京：中国铁道出版社，2015.

[3] UIC. ATLAS high-speed rail 2022[EB/OL]. https://uic.org/IMG/pdf/uic-atlas-high-speed-2022.pdf.

[4] 国家铁路局.高速铁路设计规范 条文说明：TB 10621—2014 [S]. 北京：中国铁道出版社，2015.

[5] 国家铁路局.动车组词汇 第1部分：基本词汇：TB/T 3453.1—2016[S]. 北京：中国铁道出版社，2017.

[6] 关于印发《中长期铁路网规划》的通知（发改基础〔2016〕1536号）[EB/OL]. http://www.gov.cn/xinwen/2016-07/20/content_5093165.htm.

[7] 中国国家铁路集团有限公司.国铁集团关于印发《新时代交通强国铁路先行规划纲要》的通知（铁发改〔2020〕129号）[EB/OL]. http://www.china-railway.com.cn/xwzx/rdzt/hgy/gyqw/202008/P020200812637973169357.pdf.

[8] 生态环境部环境工程评估中心.2021年铁路行业环境评估报告[R]. 北京，2022.

[9] 中国铁路总公司.高速铁路路基工程施工技术规程：Q/CR 9602—2015[S]. 北京：中国铁道出版社，2015.

[10] 中国铁路总公司.铁路路基工程施工机械配置技术规程：Q/CR 9224—2015[S]. 北京：中国铁道出版社，2015.

[11] 中国铁路总公司.高速铁路桥涵工程施工技术规程：Q/CR

9603—2015[S]. 北京：中国铁道出版社，2015.

[12] 中国铁路总公司. 铁路桥梁工程施工机械配置技术规程：Q/CR 9225—2015[S]. 北京：中国铁道出版社，2015.

[13] 中国铁路总公司. 高速铁路隧道工程施工技术规程：Q/CR 9604—2015[S]. 北京：中国铁道出版社，2015.

[14] 中国铁路总公司. 铁路隧道工程施工机械配置技术规程：Q/CR 9226—2015[S]. 北京：中国铁道出版社，2015.

[15] 中国铁路总公司.铁路混凝土拌和站机械配置技术规程：Q/CR 9223—2015[S]. 北京：中国铁道出版社，2015.

[16] 环境保护部. 环境噪声与振动控制工程技术导则：HJ 2034—2013[S]. 北京：中国环境科学出版社，2013.

[17] 国家铁路局. 铁路工程环境保护设计规范：TB 10501—2016[S]. 北京：中国铁道出版社，2016.

[18] 环境保护部，国家质量监督检验检疫总局. 建筑施工场界环境噪声排放标准：GB 12523—2011[S]. 北京：中国环境科学出版社，2012.

[19] 中华人民共和国国家质量监督检验检疫总局，中国国家标准化管理委员会. 爆破安全规程：GB 6722—2014[S]. 北京：中国标准出版社，2015.

[20] 国家环境保护局.城市区域环境振动标准：GB 10070—88[S]. 北京：中国标准出版社，1989.

[21] 刘建友，吕刚，赵勇，等. 京张高铁新八达岭隧道穿越风景名胜区环境保护技术[J]. 隧道建设（中英文），2021，41（8）：1361-1366.

[22] 中国铁路总公司工程管理中心. 铁路隧道工程施工期生产废水处理技术管理手册[M]. 北京：中国铁道出版社，2018.

[23] 中铁二院工程集团有限责任公司. 新建重庆至昆明高速铁路环境影响报告书[R]. 成都，2019.

[24] 娄掌印. 铁路隧道施工废水的混凝处理试验研究[J]. 高速铁路技术，2019，10（2）：10-13.

[25] 国家铁路局. 铁路给水排水设计规范：TB 10010—2016[S].

北京：中国铁道出版社，2017.

[26] 茹旭. 铁路隧道钻爆法施工废水治理关键技术研究[J]. 铁道标准设计，2019，63（5）：156-159.

[27] 李传松，茹旭，曾庆华，等. 顺坡铁路隧道施工废水清污分流方法研究与应用[J]. 铁道建筑，2018，58（10）：60-63.

[28] 赵海涛. 京张高铁大直径泥水盾构施工泥浆环保处理措施研究[J]. 铁道勘察，2020,（1）：79-81+94.

[29] 胡承雄，马华滨. 京沪高速铁路废弃泥浆处理现场试验[J]. 铁道劳动安全卫生与环保，2009，36（3）：112-115.

[30] BOHOLM Å, LÖFSTEDT R. Issues of risk, trust and knowledge: The Hallandsås Tunnel Case[J]. Ambio, 1999, 28(6): 556-561.

[31] WEIDEBORG M, KÄLLQVIST T, ØDEGÅRD K E, et al. Environmental risk assessment of acrylamide and methylolacrylamide from a grouting agent used in the tunnel construction of romeriksporten, Norway[J]. Water research, 2001, 35(11): 2645-2652.

[32] 尹坚. 哈兰山铁路隧道：建设项目环境管理的深刻教训与启示[J]. 铁道知识，2005（6）：34-35.

[33] 刘月诗，李美华，何其芳. 水压爆破技术经济环保优势明显[N]. 中国铁道建筑报，2015-11-19(1).

[34] HS2: homepage [EB/OL]. https://www.hs2.org.uk/.

[35] 中华人民共和国国家质量监督检验检疫总局，中国国家标准化管理委员会. 室外照明干扰光限制规范：GB/T 35626—2017[S]. 北京：中国标准出版社, 2017.

[36] 中华人民共和国住房和城乡建设部.城市夜景照明设计规范：JGJ/T 163—2008[S]. 北京：中国建筑工业出版社，2008.

[37] 新疆维吾尔自治区质量技术监督局. 建筑工程绿色环保施工管理规范：DB 65/T 4060—2017[S/OL]. (2017-10-10). https://www.doc88.com/ p-0866144287417.html.

[38] 中华人民共和国住房和城乡建设部，中华人民共和国国家质

量监督检验检疫总局. 室外作业场地照明设计标准：GB 50582—2010[S]. 北京：中国建筑工业出版社，2010.

[39] 铁路建设项目环境影响评价噪声振动源强取值和治理原则指导意见（2010年修订稿）（铁计〔2010〕44号）[EB/OL]. (2010-06-29). https://max.book118.com/html/2016/1210/ 70376869.shtm.

[40] 环境影响评价技术导则 声环境（征求意见稿）编制说明[EB/OL]. (2008-06-04). https://www.mee.gov.cn/gkml/hbb/bgth/ 200910/ W020080606471607230301.pdf.

[41] 生态环境部. 环境影响评价技术导则 声环境：HJ 2.4—2021[S]. 北京：中国环境科学出版社，2022.

[42] 焦大化. 日本高速铁路噪声预测方法[J]. 铁道劳动安全卫生与环保，2007，34（1）：35-38.

[43] 焦大化. 德国Schall 03铁路噪声预测方法[J]. 铁道劳动安全卫生与环保，2007，34(5): 213-218.

[44] 中国铁道科学研究院集团有限公司.新建铁路合肥至安庆客运专线（DK20+742.473—DK162+620.615及肥西联络线）竣工环境保护验收调查报告[R]. 北京，2020.

[45] 中国铁道科学研究院集团有限公司.新建安庆至九江铁路（安庆西至皖鄂省界）竣工环保验收调查报告[R]. 北京，2021.

[46] 中铁第四勘察设计院集团有限公司. 新建铁路赣州至深圳铁路（广东段）建设项目竣工环境保护验收调查报告[R]. 武汉，2021.

[47] 中铁第五勘察设计院集团有限公司. 新建北京至天津滨海新区铁路宝坻（不含）至北辰段竣工环境保护验收公示[R]. 北京，2022.

[48] 中国铁道科学研究院集团有限公司. 新建铁路成都至贵阳线乐山至贵阳段（乐山至兴文段）工程竣工环境保护验收调查报告[R]. 北京，2019.

[49] 中国铁道科学研究院集团有限公司. 新建安庆至九江铁路（正线新安庆西至安庆段、合安联络线）竣工环境保护验收调查报告[R]. 北京，2020.

[50] 中铁工程设计咨询集团有限公司郑州设计院. 新建太原至焦作铁路（河南段）竣工环境保护调查报告[R]. 郑州，2020.

[51] 中铁二院工程集团有限责任公司. 新建徐州至淮安至盐城铁路工程竣工环境保护验收调查报告[R]. 成都，2019.

[52] 陈忱，黄勇，曲云. 高铁环境影响需更多关注：基于京津城际铁路验收调查结果的思考[J]. 环境保护，2010（8）：42-44.

[53] 时德禹. 基于高速铁路声环境影响后评价的若干管理建议：以北京至天津城际铁路客运专线为例[J]. 环境保护科学，2020，46（3）：114-119.

[54] 中华人民共和国国家质量监督检验检疫总局，中国国家标准化管理委员会. 机械振动 轨道系统产生的地面诱导结构噪声和地传振动 第1部分：总则：GB/T 33521.1—2017[S]. 北京：中国标准出版社，2017.

[55] ISO/TC 108/SC 2. Mechanical vibration — Ground-borne noise and vibration arising from rail systems— part 1: general guidance: ISO 14837-1:2005[S]. Multiple. Distributed through American National Standards Institute (ANSI), 2007.

[56] 徐建，等. 建筑振动荷载标准理解与应用[M]. 北京：中国建筑工业出版社，2018.

[57] 徐建. 建筑振动工程手册[M]. 2版. 北京：中国建筑工业出版社，2016.

[58] 陈怡陆，孙波，王雪娇. 铁路沿线环境振动监测分析[C]// 中国铁道学会."十一五"铁路环保成果汇编及新技术应用研讨会论文集. 2012.

[59] 辜小安. 铁路环境振动影响状况及防治技术分析研究[J]. 铁路节能环保与安全卫生，2017，7(5): 223-237.

[60] 彭也也，贺玉龙，梅昌艮，等. 成渝高速铁路某高架桥段地面三向振动特性分析[J]. 噪声与振动控制，2019，39(1): 146-150.

[61] 彭也也，贺玉龙，宋喆，等. 成渝高速铁路某路堤段地面三向振动测试分析[J]. 中国测试，2020，46(2): 34-39.

[62] 贺玉龙，张群，彭也也，等. 成渝高速铁路地面三向振动总值特性分析[J]. 工业安全与环保，2020，46(2): 1-3+16.

[63] 中国铁道科学研究院集团有限公司. 新建铁路天津至保定铁路竣工环境保护验收调查报告[R]. 北京，2019.

[64] 中国铁道科学研究院集团有限公司. 新建铁路兰州至乌鲁木齐第二双线（新疆段）竣工环境保护验收调查报告[R]. 北京，2018.

[65] 中国铁道科学研究院集团有限公司. 新建铁路兰州至乌鲁木齐第二双线（甘青段）竣工环境保护验收调查报告[R]. 北京，2020.

[66] 中铁第四勘察设计院集团有限公司. 新建铁路哈尔滨至齐齐哈尔客运专线竣工环境保护设施验收调查报告[R]. 武汉，2019.

[67] 环境保护部，国家质量监督检验检疫总局. 电磁环境控制限值：GB 8702—2014[S]. 北京：中国标准出版社，2014.

[68] 朱绍忠，朱连标，王起恩，等. 电气化铁路工频电磁场对作业工人健康的影响[J]. 环境与职业医学，2002，19(2)：97-99.

[69] 国家环境保护局. 辐射环境保护管理导则 电磁辐射环境影响评价方法与标准：HJ/T 10.3—1996[S]. 北京：中国环境科学出版社，1996.

[70] 王忠，李彤，乔伟. 京沪高速铁路(山东段) 站点电视场强监测结果与分析[J]. 中国辐射卫生，2011，20（4）：458-460.

[71] 武广铁路客运专线有限责任公司. 武广铁路客运专线工程总结（下册）[M]. 北京：中国铁道出版社，2012.

[72] 中华人民共和国生态环境部. 铁路边界噪声限值及其测量方法（GB 12525—90），关于发布《铁路边界噪声限值及其测量方法》（GB 12525-90）修改方案的公告[EB/OL]. https://www.mee.gov.cn/ywgz/fgbz/bz/bzwb/wlhj/hjzspfbz/199103/t19910301_82042.shtml.

[73] 国家铁路局. 铁路环境测量 环境噪声测量：TB/T 3050—2022[S]. 北京：中国铁道出版社，2022.

[74] 中华人民共和国住房和城乡建设部,中华人民共和国国家质量监督检验检疫总局. 住宅建筑室内振动限值及其测量方法标准:GB/T 50355—2018[S]. 北京:中国建筑工业出版社,2018.

[75] 中华人民共和国住房和城乡建设部,中华人民共和国国家质量监督检验检疫总局. 古建筑防工业振动技术规范:GB/T 50452—2008[S]. 北京:中国建筑工业出版社,2008.

[76] 中华人民共和国住房和城乡建设部,中华人民共和国国家质量监督检验检疫总局. 建筑工程容许振动标准:GB 50868—2013[S]. 北京:中国建筑工业出版社,2013.

[77] 国家环境保护局. 城市区域环境振动测量方法:GB 10071—88[S]. 北京:中国标准出版社,1989.

[78] 环境保护部. 环境振动监测技术规范:HJ 918—2017[S]. 北京:中国环境科学出版社,2018.

[79] 中华人民共和国铁道部. 铁路环境振动测量:TB/T 3152—2007[S]. 北京:中国铁道出版社,2007.

[80] 中华人民共和国住房和城乡建设部,国家市场监督管理总局. 建筑环境通用规范:GB 55016—2021[S]. 北京:中国建筑工业出版社,2021.

[81] 胡叙洪,等. 高速铁路减振降噪技术研究与应用[M]. 北京:中国铁道出版社,2018.

[82] 陈锋,廖建州. 成灌铁路降噪工程设计研究[J]. 高速铁路技术,2013,4(6):66-69.

[83] 徐志胜,翟婉明. 轮轨滚动噪声激扰模型研究[J]. 中国铁道科学,2007,28(6):75-79.

[84] 崔日新,高亮,蔡小培. 高速铁路阻尼钢轨减振降噪特性研究[J]. 铁道学报,2015,37(2):78-84.

[85] 王梦,王继军,刘海涛,等. 高速铁路调频约束阻尼钢轨的降噪性能[J]. 铁道建筑,2020,60(4):59-62.

[86] 朱剑月,张清,徐凡斐,等. 高速列车气动噪声研究综述[J]. 交通运输工程学报,2021,21(3):39-56.

[87] 柴田腾彦，等.东北新干线"疾风"号低噪声受电弓[J].牛晓妮，译.国外铁道车辆，2005，42（6）：29-32.

[88] 栗田健.日本新干线受电弓的技术改进[J].苏令诗，译.国外铁道车辆，2016，53(6): 1-5.

[89] 李志强，刘兰华，李耀增，等.高速铁路钢轨预打磨对噪声影响研究[J].铁路技术创新，2021（3）：100-104.

[90] 生态环境部环境工程评估中心.2020年铁路行业环境评估报告[R].北京：2021.

[91] 国家铁路局.铁路声屏障工程设计规范：TB 10505—2019[S].北京：中国铁道出版社有限公司，2019.

[92] 赵允刚，辛小红.宁静交通 和谐世界：自主创新的减载式声屏障研发过程记事[N].人民铁道，2017-01-03（B4）.

[93] 辜小安，李耀增，刘兰华，等.我国高速铁路声屏障应用及效果[J].铁道运输与经济，2012，34（9）：54-58.

[94] 雷彬.沪杭高铁半封闭式声屏障声学设计研究[J].铁道建筑技术，2013，（11）：72-77.

[95] 辛思远，张世峰，王晓伟.京雄城际铁路全封闭声屏障降噪效果研究[J].铁道标准设计，2022，66（6）：163-168.

[96] 党辉，王瑞梅.高速铁路封闭式声屏障的应用现状与展望[J].铁道节能环保与安全卫生，2018，8（6）：287-289.

[97] 常亮.京沈客运专线框架式声屏障降噪效果研究[J].铁道节能环保与安全卫生，2020，10（2）：18-23.

[98] 李小珍，赵秋晨，张迅，等.高速铁路半封闭式声屏障降噪效果测试与分析[J].西南交通大学学报，2018，53（4）：661-670.

[99] 尹皓，李晏良，刘兰华，等.高速铁路声屏障气动效应测量与评价方法[J].铁路节能环保与安全卫生，2015，5（5）：193-198.

[100] 马莉亚.铁路声屏障现存主要问题分析[J].铁路工程技术与经济，2019（5）：28-30.

[101] 王卫东，张营.高速铁路声屏障存在的问题及展望[J].工程

与建设，2020，34（1）：5-7.

[102] 中华人民共和国铁道部. 高速铁路工程动态验收技术规范：TB 10761—2013[S]. 北京：中国铁道出版社，2014.

[103] 李晏良. 我国高速铁路声屏障应用效果分析[J]. 铁道建筑，2016（8）：164-167.

[104] 邵琳，李晏良. 钢轨阻尼与声屏障组合降噪效果试验研究[J]. 铁道建筑，2019，59（4）：157-159.

[105] 伍向阳，张格明，董孝卿，等. 高速铁路噪声控制技术进展与展望[J]. 中国铁路，2021（6）：35-42.

[106] 曲云腾，伍向阳，刘兰华. 我国高速铁路噪声控制技术创新成效与展望[J]. 铁路节能环保与安全卫生，2022，12（2）：1-5.

[107] 刘海涛，刘伟斌，王继军. 高速铁路减振无砟轨道关键技术研究[J]. 铁道建筑，2019，59（1）：71-75.

[108] 颜乐. 广深港客专福田站轨道减振效果现场测试及分析[J]. 铁道勘测与设计，2017（3）：46-49.

[109] 张红平. 兰新高铁穿越长城段减振型无砟轨道减振垫合理刚度研究[J]. 铁道标准设计，2020，64（2）：26-29.

[110] MASSARSCH K R. Mitigation of traffic-induced ground vibration[R/OL]. (2004-01-07). https://www.researchgate.net/publication/294418127_Investigation_of_ground_vibrations_and_their_mitigation.

[111] 中华人民共和国住房和城乡建设部，国家市场监督管理总局. 工程隔振设计标准：GB 50463—2019[S]. 北京：中国计划出版社，2020.

[112] 林宏容. 南科高铁减振工程探讨[R/OL]. (2007-12-08). https://www.slideserve.com/kenyon-hunt/6372403.

[113] 国家铁路局. 铁路声屏障声学构件：TB/T 3122—2019[S]. 北京：中国铁道出版社有限公司，2019.

[114] 中国国家铁路集团有限公司. 铁路插板式金属声屏障 单元板通用要求：Q/CR 759—2020[S]. 北京：中国铁道出版社有

限公司,2020.

[115] 中国国家铁路集团有限公司. 铁路插板式金属声屏障 Ⅰ型单元板:Q/CR 760—2020[S]. 北京:中国铁道出版社有限公司,2020.

[116] 中华人民共和国住房和城乡建设部,国家市场监督管理总局. 室外排水设计标准:GB 50014—2021[S]. 北京:中国计划出版社,2021.

[117] 国家环境保护局. 污水综合排放标准:GB 8978—1996[S]. 北京:中国环境科学出版社,1997.

[118] 中铁第四勘察设计院集团有限公司. 新建海南东环铁路项目竣工环境保护设施验收调查报告(自验)》[R]. 武汉,2018.

[119] 中铁第五勘察设计院集团有限公司. 新建铁路海南西环铁路竣工环境保护验收调查报告[R]. 北京,2018.

[120] 韩晓军,李海燕,肖锦龙. 内燃机车用柴油机的发展与展望[J]. 铁道机车车辆,2010,(1):54-56.

[121] 韩永军. 武汉动车段喷漆库设计[J]. 铁道建筑技术,2011,(5):58-62.

[122] 国家市场监督管理总局,中国国家标准化管理委员会.轨道交通 电磁兼容 第2部分:整个轨道系统对外界的发射:GB/T 24338.2—2018[S]. 北京:中国标准出版社,2018.

[123] BELLAN D, SPADACINI G, FEDELI E, et al. Space-frequency analysis and experimental measurement of magnetic field emissions radiated by high-Speed railway systems[J]. IEEE Transactions on electromagnetic compatibility, 2013, 55(6): 1031-1042.

[124] 卢春房. 中国高速铁路[M]. 北京:中国铁道出版社,2013.